全国计算机等级考试一级教程
——计算机基础及 MS Office 应用
上机指导

U0184033

教育部考试中心

朱鸣华　孟华　赵铭伟　刘文飞　编

高等教育出版社·北京

内容提要

本书是与《全国计算机等级考试一级教程——计算机基础及 MS Office 应用》配套的实验指导教程，是根据教育部考试中心制定的《全国计算机等级考试一级计算机基础及 MS Office 应用考试大纲（2022 年版）》编写的，并兼顾实际应用的需求，适当进行了扩展。

本教程共分为 5 章，包括 Windows 7 操作实验、Word 2016 操作实验、Excel 2016 操作实验、PowerPoint 2016 操作实验以及网络操作实验。本教程面向实际应用，主要讲述计算机操作系统、办公应用软件和计算机网络的具体操作步骤和方法。本教程具有可操作性强、实用性好的特点，可作为中、高等院校的学生参加全国计算机等级考试的指导实验教程，亦可作为各类读者自学的计算机教程。通过使用本教程进行练习，读者能够轻松掌握计算机系统和 MS Office 办公软件的操作和应用方法，具备使用计算机的基本技能。

图书在版编目（ＣＩＰ）数据

全国计算机等级考试一级教程. 计算机基础及 MS Office 应用上机指导／教育部考试中心编. --北京：高等教育出版社,2022.3

ISBN 978-7-04-057672-6

Ⅰ.①全… Ⅱ.①教… Ⅲ.①电子计算机-水平考试-教材②办公自动化-应用软件-水平考试-教材 Ⅳ.①TP3

中国版本图书馆 CIP 数据核字（2022）第 013357 号

| 策划编辑 | 何新权 | 责任编辑 | 何新权 | 封面设计 | 李树龙 | 版式设计 | 童 丹 |
| 责任校对 | 刁丽丽 | 责任印制 | 赵 振 |

Quanguo Jisuanji Dengji Kaoshi Yiji Jiaocheng —— Jisuanji Jichu ji MS Office Yingyong Shangji Zhidao

出版发行	高等教育出版社		网　　址	http://www.hep.edu.cn
社　　址	北京市西城区德外大街 4 号			http://www.hep.com.cn
邮政编码	100120		网上订购	http://www.hepmall.com.cn
印　　刷	高教社（天津）印务有限公司			http://www.hepmall.com
开　　本	787mm×1092mm　1/16			http://www.hepmall.cn
印　　张	12.25			
字　　数	300 千字		版　　次	2022 年 3 月第 1 版
购书热线	010-58581118		印　　次	2022 年 3 月第 1 次印刷
咨询电话	400-810-0598		定　　价	37.00 元

积极发展全国计算机等级考试 为培养计算机应用专门人才、促进信息 产业发展作出贡献

（序）

中国科协副主席　中国系统仿真学会理事长
第五届全国计算机等级考试委员会主任委员
赵沁平

当今，人类正在步入一个以智力资源的占有和配置，知识生产、分配和使用为最重要因素的知识经济时代，也就是小平同志提出的"科学技术是第一生产力"的时代。世界各国的竞争已成为以经济为基础、以科技（特别是高科技）为先导的综合国力的竞争。在高科技中，信息科学技术是知识高度密集、学科高度综合、具有科学与技术融合特征的学科。它直接渗透到经济、文化和社会的各个领域，迅速改变着人们的工作、生活和社会的结构，是当代发展知识经济的支柱之一。

在信息科学技术中，计算机硬件及通信设施是载体，计算机软件是核心。软件是人类知识的固化，是知识经济的基本表征，软件已成为信息时代的新型"物理设施"。人类抽象的经验、知识正逐步由软件予以精确的体现。在信息时代，软件是信息化的核心，国民经济和国防建设、社会发展、人民生活都离不开软件，软件无处不在。软件产业是快速增长的朝阳产业，是具有高附加值、高投入高产出、无污染、低能耗的绿色产业。软件产业的发展将推动知识经济的进程，促进从注重量的增长向注重质的提高方向发展。软件产业是关系到国家经济安全和文化安全，体现国家综合实力，决定 21 世纪国际竞争地位的战略性产业。

为了适应知识经济发展的需要，大力促进信息产业的发展，需要在全民中普及计算机的基本知识，培养一批又一批能熟练运用计算机和软件技术的各行各业的应用型人才。

1994 年，国家教委（现教育部）推出了全国计算机等级考试，这是一种专门评价应试人员对计算机软硬件技术实际掌握能力的考试。它不限制报考人员的学历和年龄，从而为培养各行业计算机应用人才开辟了一条广阔的道路。

1994 年是推出全国计算机等级考试的第一年，当年参加考试的有 1 万余人，2019 年报考人数已达 647 万。截至 2019 年年底，全国计算机等级考试共开考 57 次，考生人数累计达 8 935 万，有 3 256 万人获得了各级计算机等级证书。

事实说明，鼓励社会各阶层人士通过各种途径掌握计算机应用技术，并通过全国计算机等级考试对他们的能力予以科学、公正、权威的认证，是一种比较好的、有效的计算机应用人才培养途径，符合我国的具体国情。全国计算机等级考试同时也为用人部门录用和考核人员提供了一种测评手段。从有关公司对全国计算机等级考试做的社会抽样调查结果看，不论是管理人员还是

应试人员，对该项考试的内容和形式都给予了充分肯定。

　　计算机技术日新月异。为了顺应技术发展和社会需求的变化，从 2010 年开始，有关专家对新版考试大纲进行调研和修订，在考试体系、考试内容、考试形式等方面都做了较大调整，希望全国计算机等级考试更能反映当前计算机技术的应用实际，使培养计算机应用人才的工作更健康地向前发展。

　　全国计算机等级考试取得了良好的效果，这有赖于各有关单位专家在全国计算机等级考试的大纲编写、试题设计、阅卷评分及效果分析等多项工作中付出的大量心血和辛勤劳动，他们为这项工作的开展作出了重要的贡献。我们在此向他们表示衷心的感谢！

　　我们相信，在 21 世纪知识经济和加快发展信息产业的形势下，在教育部考试中心的精心组织领导下，在全国各有关专家的大力配合下，全国计算机等级考试一定会以"激励引导成才，科学评价用才，服务社会选材"为目标，服务考生和社会，为我国培养计算机应用专门人才的事业作出更大的贡献。

前　言

　　本书是与《全国计算机等级考试一级教程——计算机基础及 MS Office 应用》配套的实验指导教程,根据教育部考试中心制定的《全国计算机等级考试一级计算机基础及 MS Office 应用考试大纲》进行编写,并兼顾实际应用的需求,适当进行了扩展。

　　本教程共分为 5 章,主要包括 Windows 7 操作实验、Word 2016 操作实验、Excel 2016 操作实验、PowerPoint 2016 操作实验以及网络操作实验。本书面向实际应用,主要讲述计算机操作系统、办公应用软件和计算机网络的具体操作步骤和方法。本教程具有可操作性强、实用性好的特点,可作为中、高等院校的学生参加全国计算机等级考试的指导实验教程,亦可作为各类读者自学的计算机教程。通过使用本教程进行练习,读者能够轻松掌握计算机系统和 MS Office 办公软件的操作和应用方法,具备使用计算机的基本技能。

　　参加本书编写的有朱鸣华、孟华、赵铭伟、刘文飞。其中,刘文飞编写第 1 章,朱鸣华编写第 2 章,孟华编写 3 章,孟华、朱鸣华编写第 4 章,赵铭伟、刘文飞编写第 5 章。

　　因时间仓促,书中难免有疏漏及不足之处,恳请广大读者批评指正。

作者

目 录

Windows 7 操作实验

操作系统(Operating System,OS)是一组包含许多模块的计算机程序,以管理、调度、控制计算机中硬件和软件资源,合理地组织计算机的工作流程,使计算机发挥更大的效能。除此之外,操作系统还负责解释用户对计算机的管理命令,将它转化为计算机实际的操作,并为用户提供使用方便和可扩展的计算机环境及界面。计算机的用户是通过操作系统来与计算机沟通的。对用户来说,计算机仅有硬件是无法高效工作的,还需要软件的支持,硬件系统和软件系统构成了完整的计算机系统。

Windows 操作系统是 Microsoft 公司开发的基于图形用户界面的窗口式操作系统,它凭借简单的操作方式、友好的图形窗口操作界面和强大的系统功能,已成为微机领域广泛使用的操作系统。在 Windows 操作系统中,用户只需要点击鼠标就可以实现对计算机的各种复杂的操作。本章重点练习 Windows 7 操作系统的基本操作和设置。

第 1 节　Windows 7 的基本操作

一、实验目的

① 认识 Windows 7 的桌面环境及其组成。
② 掌握 Windows 7 桌面设置的基本方法。
③ 掌握 Windows 7 任务栏与开始菜单的设置方法。
④ 掌握 Windows 任务管理器的使用。
⑤ 掌握中文输入法及系统日期的设置方法。

二、实验内容

1. 桌面的设置

桌面是打开计算机并启动 Windows 7 系统之后看到的主屏幕区域,也是 Windows 7 系统组织和管理资源的一种有效方式。桌面上主要有常用的管理程序图标、应用程序的快捷方式、桌面背景及任务栏。当打开程序或文件夹时,它们便会出现在桌面上。还可以将一些项目放在桌面上,并且随意排列它们。

(1) 设置桌面外观

【操作方法】

① 右击桌面空白处,在弹出的快捷菜单中选择"个性化",打开"个性化"窗口,如图 1-1 所示。

② 在"Aero 主题"下,单击所选中的主题即可改变当前桌面外观。

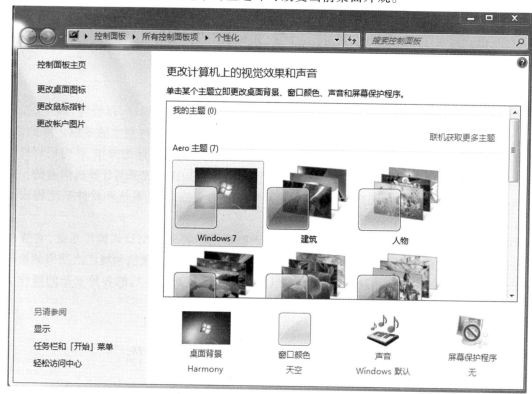

图 1-1 "个性化"窗口

(2) 设置桌面背景和屏幕保护程序

【操作方法】

如果需要自定义桌面背景和屏幕保护程序,可以进行如下操作:

① 在打开的"个性化"窗口中,单击"桌面背景"选项,打开"桌面背景"窗口,如图 1-2 所示。

② 在打开的窗口中,通过"图片位置"的下拉菜单或"浏览"按钮,选择自己喜欢的图片作为桌面背景。桌面背景可以是 1 张图片,也可以是由多张图片创建的幻灯片。当用幻灯片作为背景时,可以通过"更改图片时间间隔"来设置图片更换的速度。

③ 回到"个性化"窗口,单击"屏幕保护程序",在打开的对话框中,选择自己喜欢的"屏幕保护程序",如"三维文字",在"等待"文本框中可设置等待的时间。单击"设置"按钮,可通过打开的"三维文字设置"对话框对文字内容、大小、旋转速度等进行设置。单击"应用"和"确定"按钮,退出设置。

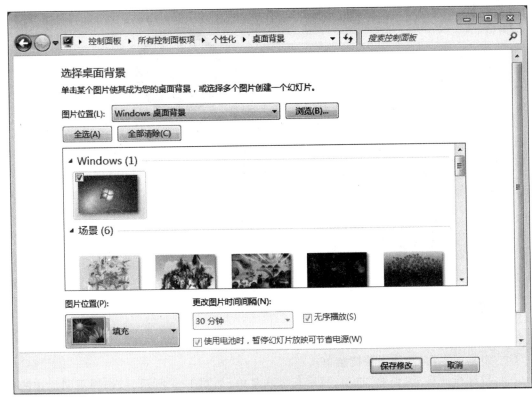

图 1-2　"桌面背景"窗口

(3) 使用桌面小工具

Windows 7 提供了时钟、日历等小工具,右击桌面空白处,在弹出的快捷菜单中选择"小工具",即可打开"小工具"管理面板,可以直接将要使用的小工具拖动到桌面,也可以通过控制面板的"程序"项添加喜欢的小工具。

例如,将"时钟"工具添加到桌面。

【操作方法】

① 右击桌面空白处,在弹出的快捷菜单中选择"小工具",可打开"小工具"管理面板,将"时钟"小工具拖动到桌面。将鼠标指针指向时钟,待出现操作提示后,单击右侧上方的"选项"按钮,打开属性设置界面,如图 1-3 所示。在设置界面中可以选择时钟的样式、是否显示秒针等属性。

② 也可以在控制面板的"程序"窗口中,单击"桌面小工具"下的"向桌面添加小工具"选项,右击"时钟",在弹出的快捷菜单中选择"添加",即可在桌面添加一个时钟小工具。

(4) 显示、排列桌面图标

图标是代表文件、文件夹、程序或其他项目的小图片。首次启动 Windows 7 时,在桌面上至少可以看到一个"回收站"图标。桌面上的图标代表可以运行的应用程序或常用的文件和文件夹。用户可以根据自己的需要和爱好设置桌面图标,可以将常用应用程序的快捷方式、文件或文件夹放在桌面,以方便使用。图标可以被删除和重新命名。双击图标,就可以启动它所代表的应

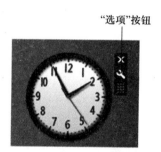
"选项"按钮

图 1-3 设置"时钟"小工具属性

用程序或打开文件和文件夹。

【操作方法】

① 右击桌面空白处,弹出快捷菜单。

② 将鼠标指针移至"查看"选项,显示其级联菜单,如图 1-4 所示,可选择不同大小的图标以及按不同的方式对图标进行排列。

③ 将鼠标指针移至"排序方式"选项,显示其级联菜单,如图 1-5 所示。可选择按名称、大小、项目类型或修改日期对图标进行排列。

图 1-4 查看"图标"

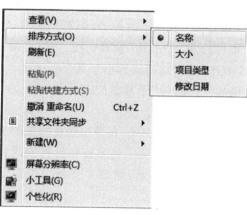

图 1-5 排列图标

此外,用户也可以在桌面上选中图标并拖动到指定位置。应该注意的是,当选择"自动排列图标"后,用户就无法任意拖动鼠标来排列图标了。

2. 设置任务栏和「开始」菜单

任务栏位于桌面底部,包括"开始"按钮、"通知区域"及"时钟""输入方式"状态图标等。在任务栏中显示已打开应用程序的大图标按钮。每次打开一个窗口,代表该程序的按钮就会出现在任务栏上。关闭窗口后,该按钮将消失。将鼠标指针移动到图标上时会出现已打开窗口的缩略窗口。当按钮太多而堆积时,Windows 7 可自动分组,使任务栏保持整洁。

(1) 设置任务栏自动隐藏

【操作方法】

① 将鼠标指针指向任务栏并右击,弹出快捷菜单。

② 选择"属性",打开如图 1-6 所示的"任务栏和「开始」菜单属性"对话框。

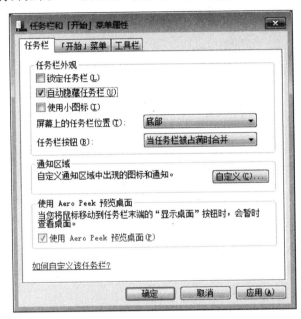

图 1-6　"任务栏和「开始」菜单属性"对话框

③ 选择"任务栏和「开始」菜单属性"对话框中的"任务栏"选项卡。

④ 选中"自动隐藏任务栏"复选框,单击"应用"及"确定"按钮,则任务栏将自动隐藏。任务栏隐藏后,当鼠标指针移动到任务栏位置时任务栏才会显示出来。

(2) 设置开始菜单

"开始"按钮位于任务栏左侧。单击"开始"按钮,则显示开始菜单。开始菜单集成了系统的所有功能,Windows 7 系统的所有操作都可以从这里开始。从这里可以启动程序、打开文件、使用"控制面板"自定义系统、获得帮助和支持、搜索程序和文件以及完成更多的工作。单击某项,则直接打开所关联的文件、文件夹或应用程序。

【操作方法】

① 将鼠标指针指向任务栏并右击,弹出快捷菜单。

② 选择"属性",打开如图 1-6 所示的对话框。

③ 选择"任务栏和「开始」菜单属性"对话框中的"「开始」菜单"选项卡,单击"自定义"按钮,则打开"自定义「开始」菜单"对话框,如图 1-7 所示。

④ 可以对开始菜单中的链接、图标及开始菜单的外观、开始菜单最近打开程序的数目进行设置。

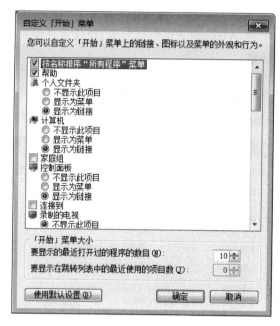

图 1-7 "自定义「开始」菜单"对话框

⑤ 单击"确定"按钮即完成对开始菜单的设置。

(3) 设置系统日期和时间

【操作方法】

① 单击任务栏右侧的"日期和时间",在弹出的窗口中单击"更改日期和时间设置",打开如图 1-8 所示的"日期和时间"对话框。

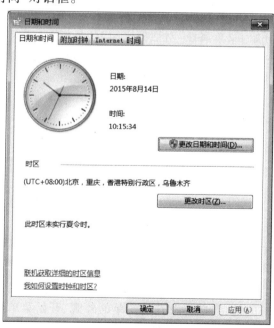

图 1-8 "日期和时间"对话框

② 在日期和时间对话框中选择"日期和时间"选项卡，单击"更改日期和时间"按钮，进行日期和时间的设置。

③ 单击"确定"按钮，即可完成日期和时间的设置。

3. 使用资源管理器

Windows 7 的"计算机"和"资源管理器"是管理计算机资源的主要程序，也是实现文件和文件夹操作的有力工具。Windows 7 资源管理器的地址栏用级联按钮取代传统的纯文本方式，地址栏将不同层级路径用不同按钮分割，用户通过单击按钮即可实现目录跳转。通过资源管理器可以完成对计算机的各种操作。

利用"Windows 资源管理器"查看 C 盘"Program Files"文件夹下的内容。

【操作方法】

① 选择"开始"→"所有程序"→"附件"→"Windows 资源管理器"，或者右击"开始"按钮，从弹出的"开始"快捷菜单中选择"打开 Windows 资源管理器"命令，资源管理器窗口如图 1-9 所示。

图 1-9　资源管理器窗口

② 在 Windows 7 资源管理器窗口左边的导航窗格中有"收藏夹""库""计算机"和"网络"等按钮，可以使用这些链接快速跳转至选定位置。单击导航窗格中的"本地磁盘(C:)"，则在内容

窗格中显示 C 盘的内容,如图 1-10 所示。

③ 在内容窗格中,双击"Program Files"文件夹,则显示出此文件夹所包含的内容。

图 1-10　"本地磁盘(C:)"内容

④ 在 Windows 7 资源管理器窗口左边的"收藏夹"中预置了几个常用的目录链接,如"下载""桌面""最近访问的位置"等,方便用户使用,如将某文件直接拖动到桌面。

4. 使用任务管理器

Windows 任务管理器是管理计算机中运行程序的应用程序,它提供了有关计算机性能的信息,并显示了在计算机上运行的程序和进程的详细情况。通过任务管理器,可以查看计算机的性能情况,管理正在运行的应用程序和进程。

下面介绍通过任务管理器,查看系统进程、终止"画图"应用程序的方法。

【操作方法】

① 启动"画图"程序。

② 将鼠标指针指向任务栏空白处并右击(也可以同时按住 Ctrl+Alt+Delete 键),在弹出的快捷菜单中选择"启动任务管理器"命令,打开"Windows 任务管理器"窗口,如图 1-11 所示。

③ 单击"进程"选项卡,在"进程"选项卡中,可查看系统当前的进程及 CPU 的使用情况。

④ 在"应用程序"选项卡中,选择"无标题-画图",单击"结束任务"按钮,即可终止该程序的运行,如图 1-12 所示。

"应用程序"选项卡中显示了所有正在运行的应用程序,选中某个程序,单击"结束任务"按钮,可以直接关闭应用程序。单击"新任务"按钮,可以打开相应的程序、文件夹或系统资源。如果不知道新任务的名字,可以单击"浏览"按钮进行搜索。

5. 回收站的操作

"回收站"是管理已删除文件和文件夹的应用程序。当用户从硬盘上删除文件或文件夹时,就暂时存放到"回收站"中。若不慎误操作删除了文件或文件夹,则可以利用回收站中的"还原"

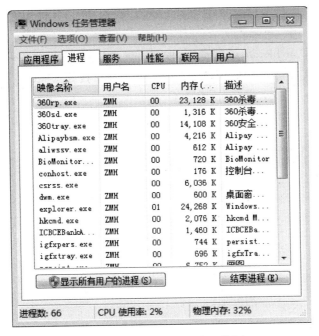

图 1-11　"Windows 任务管理器"窗口

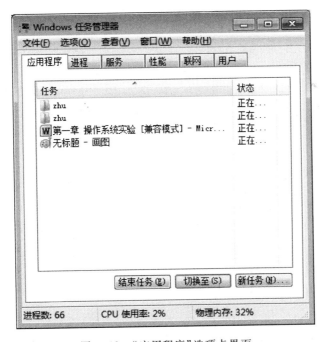

图 1-12　"应用程序"选项卡界面

命令恢复误删除的文件或文件夹。"回收站"也占用一部分硬盘空间,应注意定期清理回收站的内容。

下面以删除并还原 D 盘已有的文件"myfile.docx"为例,介绍其操作方法。

【操作方法】

① 打开 D 盘,找到"myfile.docx"并选中,按 Delete 键(也可右击文件,利用快捷菜单中的"删除"命令),弹出"删除文件/文件夹"信息提示框,单击"是"按钮,"myfile.docx"文件即被删除并送入"回收站"。

② 双击桌面上的"回收站"图标,打开"回收站"窗口,如图 1-13 所示。

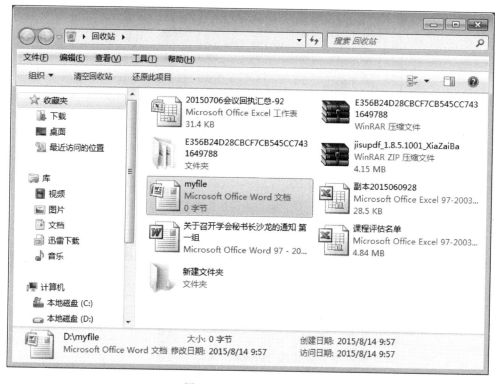

图 1-13 "回收站"窗口

③ 从回收站中找到被删除的"myfile.docx"文件,右击此文件,从弹出的快捷菜单中选择"还原"命令,"myfile.docx"文件就会恢复到原始的位置。此外,也可选中要恢复的文件,单击菜单栏中的"还原此项目"。

事实上,删除并送到回收站的文件并没有真正被删除,可以通过"还原"功能恢复被误删除的文件。但若执行了"清空回收站"命令,则删除的文件将无法恢复。另外,U盘上删除的文件,则无法从回收站中还原。

6. 设置输入法

(1) 添加输入法

下面以添加"搜狗拼音输入法"为例,介绍在 Windows 7 中添加输入法的方法。

【操作方法】

① 单击"开始"菜单中的"控制面板"选项。

　　② 在"控制面板"窗口中,单击"时钟、语言和区域"选项。

　　③ 在打开的窗口选择"区域和语言"选项,在打开的对话框中选择"键盘和语言"选项卡,显示如图 1-14 所示。

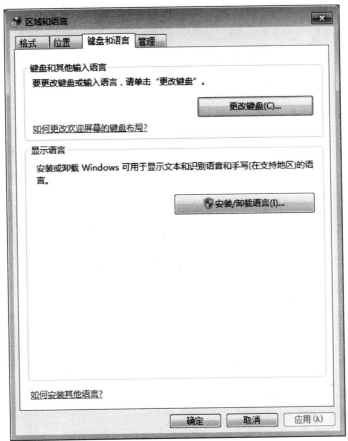

图 1-14　"区域和语言"对话框

　　④ 单击"更改键盘"按钮,打开如图 1-15 所示的"文本服务和输入语言"对话框。

　　在"常规"选项卡中,选中"中文(简体)-搜狗拼音输入法",先单击"添加"按钮,再单击"确定"按钮,即可添加"搜狗拼音输入法"。

(2) 显示或隐藏语言栏

【操作方法】

　　① 单击"开始"菜单中的"控制面板"选项。

　　② 在"控制面板"窗口中,单击"时钟、语言和区域"选项。

　　③ 在打开的窗口中选择"区域和语言"选项,在打开的对话框中选择"键盘和语言"选项卡,打开如图 1-14 所示"区域和语言"对话框。

　　④ 选择"键盘和语言"选项卡,单击"更改键盘"按钮,打开"文本服务和输入语言"对话框。

　　⑤ 在"语言栏"选项卡中选择"悬浮于桌面上"单选项,如图 1-16 所示。单击"确定"按钮,即可在桌面上显示悬浮的语言栏。

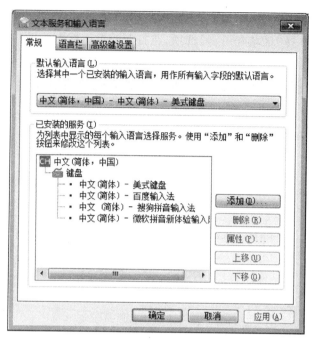

图 1-15 "文本服务和输入语言"对话框

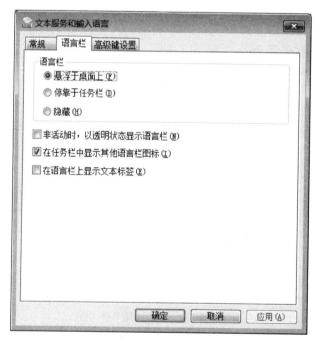

图 1-16 设置语言栏

　　若要隐藏语言栏,可直接单击语言栏中的"选项"按钮,利用快捷菜单中的"设置"命令实现。单击语言栏的"最小化"按钮,则语言栏只在任务栏的信息提示区以图标形式显示。

此外,也可以使用 Ctrl+Shift 组合键来选择各种输入法,按下 Ctrl+Space 组合键来启动或关闭中文输入。

(3)软键盘的使用

使用软键盘可以输入一些普通个人计算机键盘上不能输入的或者一些特殊的符号。

① 选择"开始"→"所有程序"→"附件"→"记事本"选项,打开"记事本"窗口。

② 选择一种输入法,如"搜狗拼音输入法"。

③ 右击输入法的自定义状态栏,将鼠标指向"软键盘"选项,弹出快捷菜单,如图 1-17 所示。

④ 选择软键盘的各符号选项,即可按需输入各种特殊字符。

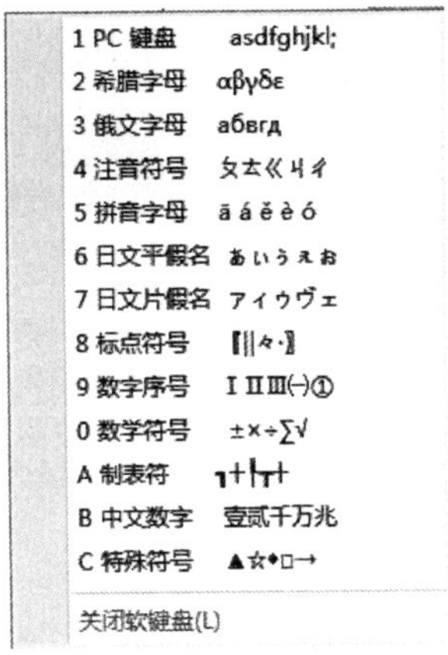

图 1-17 软键盘

第 2 节　文件与文件夹操作

一、实验目的

① 掌握文件与文件夹的新建、复制与移动操作。
② 掌握文件与文件夹的删除与属性修改操作。
③ 掌握文件与文件夹的重命名操作。
④ 掌握文件与文件夹的搜索操作。

二、实验内容

1. 新建文件夹

在"D:\ks"文件夹下,新建"AA"和"BB"两个文件夹。

【操作方法】

① 双击桌面上的"计算机"图标,在打开的窗口中双击 D 盘。

② 单击窗口中的"新建文件夹"命令,如图 1-18 所示,就可以看到 D 盘中新建了一个文件夹,名称为"新建文件夹"。

③ 更改"新建文件夹"名称,输入"ks",按 Enter 键即可完成新文件夹的重命名。

④ 打开"ks"文件夹,在"ks"文件夹下,按同样方法新建"AA"和"BB"文件夹。

新建文件夹的另一种方法是在选定位置直接右击鼠标,在弹出的快捷菜单中选择"新建"子菜单下的"文件夹"命令。

2. 新建文件

在"D:\ks"文件夹下新建文本文件,名称为"环境保护.txt";在"D:\ks\AA"文件夹下新建"我的太阳.BMP"文件。

【操作方法】

① 双击桌面上的"计算机"图标,在打开的窗口中双击 D 盘。

图 1-18 新建文件夹

② 在 D 盘的内容窗格空白处右击,在弹出的快捷菜单中选择"新建"命令下的"文本文档",如图 1-19 所示。

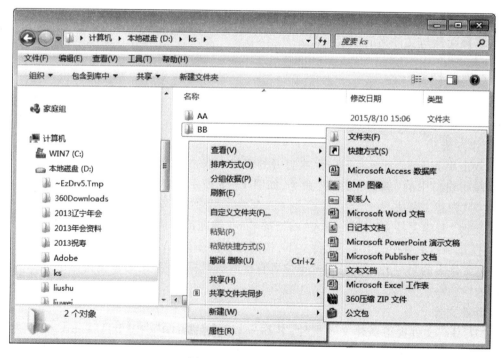

图 1-19 新建文本文档

③ 更改"新建文本文档.txt"为"环境保护.txt"。

④ 打开"AA"文件夹,新建"我的太阳.BMP"文件,还可以通过打开相应的应用程序来建立文件。

3. 复制、移动文件与文件夹

将"ks"文件夹下的文件"环境保护.txt"移动到"BB"文件夹中,然后将"BB"文件夹复制到桌面。重命名"AA"文件夹下的"我的太阳.BMP"为"sun.BMP"。

【操作方法】

① 在"D:\ks"文件夹中找到已创建的文件"环境保护.txt",右击该文件,从弹出的快捷菜单中选择"剪切"命令。

② 在"D:\ks"文件夹中找到上述创建的"BB"文件夹并右击,从弹出的快捷菜单中选择"粘贴"命令,则"环境保护.txt"移动到"BB"文件夹中。

③ 右击"BB"文件夹,从弹出的快捷菜单中选择"复制"命令,将鼠标指针移至桌面空白处并右击,从弹出的快捷菜单中选择"粘贴"命令,则文件夹"BB"就会被复制到桌面上。

④ 双击"AA"文件夹,右击"我的太阳.BMP"文件,从弹出的快捷菜单中选择"重命名"命令,将主文件名改为"sun",按 Enter 键即可。

另外,对于文件、文件夹的复制(移动),也可以利用窗口中的菜单实现,方法是:选中目标后先"复制"("剪切"),然后在指定的位置进行"粘贴"。

4. 修改文件与文件夹属性

将文件"环境保护.txt"的属性改为隐藏属性。

【操作方法】

① 右击桌面"BB"文件夹中"环境保护.txt"文件,从弹出的快捷菜单中选择"属性"命令,弹出"属性"对话框。

② 在"属性"对话框中,选择"隐藏"属性,单击"确定"按钮,文件"环境保护.txt"就变为具有"隐藏"属性的文件了。

此时,在桌面上的"BB"文件夹中,就看不到文件"环境保护.txt"了,也可能看到的是一个水印(冲蚀)效果的图标,这取决于文件和文件夹的显示设置,若在文件夹属性中设置的是"不显示隐藏的文件、文件夹和驱动器",就看不到具有隐藏属性的文件了。

5. 删除文件与文件夹

删除具有隐藏属性的文件"环境保护.txt",删除"ks"文件夹下的"BB"文件夹。

一般情况下,要删除文件或文件夹,只要先选中要删除的文件或文件夹,再按下 Delete 键即可。

【操作方法】

① 双击桌面"BB"文件夹,选择"组织"菜单下的"文件夹和搜索选项"命令,或者单击菜单栏中"工具"下的"文件夹选项"命令。

② 在弹出的对话框中选择"查看"选项卡,在"高级设置"列表框中选择"显示隐藏的文件、文件夹和驱动器"单选项,如图 1-20 所示,单击"确定"按钮。

③ 右击"环境保护.txt"文件,从弹出的快捷菜单选择"删除"命令即可。

④ 选中"D:\ks"下的"BB"文件夹,按 Delete 键,则删除了该文件夹及其下的文件。

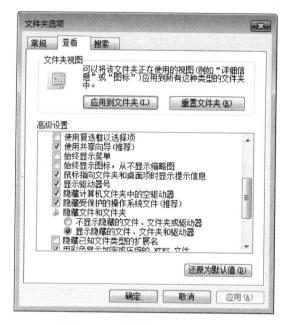

图 1-20　"文件夹选项"对话框

6. 搜索文件及文件夹

搜索文件可以在"开始"菜单中进行,也可以在资源管理器的窗口中完成。Windows 7 将搜索栏集成到了资源管理器的各种窗口中(窗口右上角),不但可以方便查找文件,还可以指定文件夹进行搜索。搜索条件可以设定组合搜索,也可以给出模糊搜索条件。在指定搜索范围和设置搜索条件后,在搜索栏输入搜索关键字,系统会以高亮显示出与搜索词匹配的记录。

例如,搜索扩展名为.docx 的所有文件。

【操作方法】

① 单击"开始"按钮,在"搜索程序和文件"框中输入"﹡.docx",则可将扩展名为 docx 的文件显示出来。

② 单击"查看更多结果"命令,则可看到所有搜索到的.docx 文件。

说明:"﹡"为通配符,代表任意一个字符串;另一个通配符是"?",代表任意一个字符。例如,要搜索名称只有两个字符且第一个字符是"d"的所有.bmp 文件,则搜索方法是输入"d?.bmp"。另外,也可以使用文件夹或库中的搜索框进行搜索。

③ 如果知道要查找的文件位于某个特定文件夹或库中,例如文档或图片文件夹/库。为了节省时间,可在资源管理器已打开窗口顶部的搜索框完成。

在搜索过程中,还可以使用一些运算符,组合出需要的条件,使得搜索工作变得更加灵活、方便。常用的运算符有:"AND"表示"与运算"、"OR"表示"或运算"、"NOT"表示"非运算",还可以使用"空格"">""<"运算符。在使用关系运算符设置搜索条件时,注意运算符必须大写。

例如:搜索有关 2020 年人工智能的相关文档或文件夹,不包括演示文稿文档,在搜索栏输入

"人工智能 AND 2020NOT ＊.ppt",则可以显示所需要的搜索结果。

7. 创建文件与文件夹的快捷方式

在桌面上创建"计算器"的快捷方式。

【操作方法】

① 单击"开始"按钮,在"所有程序"→"附件"中找到"计算器"可执行程序。

② 鼠标指针指向"计算器"并右击弹出快捷菜单。

③ 选择"发送到"选项下的"桌面快捷方式"命令,如图 1-21 所示,即可在桌面上增加一个"计算器"的图标。

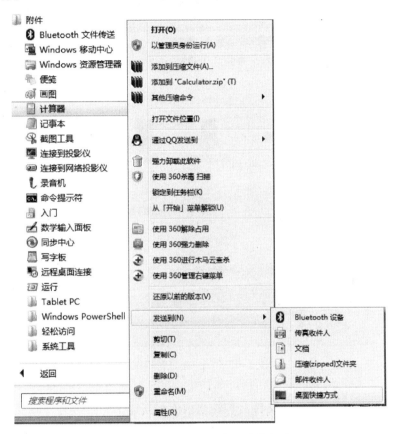

图 1-21　创建应用程序的快捷方式

8. "库"的使用

"库"是 Windows 7 引入的文件管理器,它的原则是将磁盘上不同位置的同类型文件进行索引,并将文件信息保存到库中。"库"中保存的只是一些文件或文件夹的快捷方式,其实并没有改变文件的原始路径,这样就可以在不改变文件存放位置的情况下,对文件进行统一的管理,从资源的创建、修改,到管理、沟通、备份还原,都可以在基于"库"的体系下完成。库的使用可以大大提高工作效率。

（1）新建库

下面在"库"中新建一个名为"png 文件"的库。

【操作方法】

① 双击桌面上的"计算机"图标，在打开的窗口中单击左侧导航窗格中的"库"图标。

② 在内容窗格空白处右击，在弹出的快捷菜单中选择"新建"→"库"，则出现一个"新建库"图标，如图 1-22 所示。

图 1-22 "库"窗口新建库

③ 重命名该"新建库"为"png 文件"，即在当前库中新建了一个名为"png 文件"的新库。

（2）归类文件（或文件夹）入库

将 E 盘和 F 盘中的有 png 文件的文件夹都归入库的"png 文件"库中。

【操作方法】

① 双击桌面上的"计算机"图标，单击"库"。

② 在内容窗格中右击新建的"png 文件"图标，在弹出的快捷菜单中选择"属性"命令，打开如图 1-23 所示的"png 文件 属性"对话框。

③ 单击属性对话框中的"包含文件夹"按钮，在弹出的对话框中选择有关的文件夹，单击"包含文件夹"按钮，即可将选中的文件夹添加到"png 文件"库中。

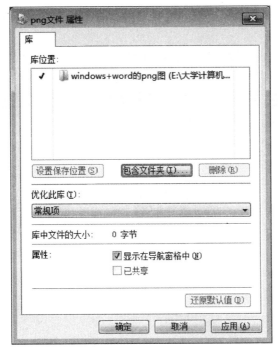

图 1-23 "png 文件 属性"对话框

第 3 节 控 制 面 板

一、实验目的

① 掌握控制面板的使用方法。

② 掌握系统设置的简单方法。

二、实验内容

控制面板是 Windows 系统对系统环境进行调整和设置的工具,它集中了用来配置系统的全部应用程序,允许用户查看并进行计算机系统硬件的设置和控制。控制面板提供了"分类视图"和"图标视图"两种界面。

1. 显示设置

【操作方法】

① 打开"控制面板",单击"外观和个性化"→"个性化"选项。

② 单击"显示"选项,在打开的窗口中,单击左侧的"调整分辨率",单击"分辨率"下拉箭头,拖动滑块可以更改当前的屏幕分辨率值的大小,如图 1-24 所示。

③ 单击"应用"及"确定"按钮即可。

④ 在显示窗口中,单击左侧的"调整 Clear Type 文本",选中"启用 Clear Type",按照向导完成设置。

在屏幕分辨率窗口中,也可设置屏幕显示方向,以及检测显示器和选择显示器;在"高级设置"中,可对显示器的屏幕刷新率和颜色进行设置。

图 1-24 屏幕分辨率设置

2. 磁盘格式化

下面介绍格式化可移动磁盘的方法。

【操作方法】

① 双击桌面上的图标"计算机"。

② 右击可移动磁盘(如 H 盘),从弹出的快捷菜单中选择"格式化"命令,弹出"格式化 可移动磁盘(H:)"对话框,如图 1-25 所示。

③ 在打开的对话框中选择相应的选项,单击"开始"按钮,即可对可移动磁盘进行格式化操作。

3. 添加、删除程序

【操作方法】

① 打开"控制面板",单击"程序"选项。

② 在"程序"窗口中,单击"程序和功能"下的"卸载程序"选项。

③ 在打开的如图 1-26 所示窗口中,从已经安装的程序列表中,选中需要删除的程序,单击"卸载/更改"按钮,根据提示操作即可。

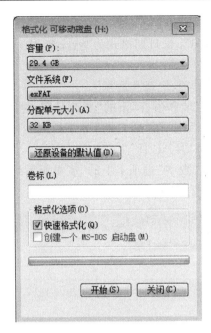

图 1-25 "格式化 可移动磁盘(H:)"对话框

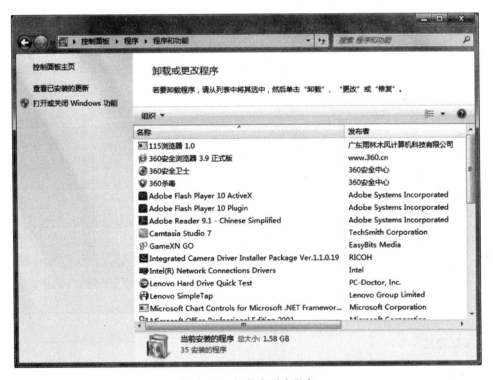

图 1-26 卸载或更改程序

4. 设置日期格式

设置短日期格式为"yyyy/M/d"、长日期格式为"yyyy 年 M 月 d 日"、度量衡系统为公制。

【操作方法】

① 打开"控制面板",单击"时钟、语言和区域"。

② 在打开的窗口中,选择"区域和语言"下的"更改日期、时间或数字格式"。

③ 打开如图 1-27 所示的对话框,在"短日期"的下拉列表框中选择"yyyy/M/d",在长日期的下拉列表框中选择"yyyy'年'M'月'd'日'"。

④ 单击"其他设置"按钮,将"数字"选项卡下的"度量衡系统"设置为公制。

⑤ 单击"应用"及"确定"按钮,完成设置。

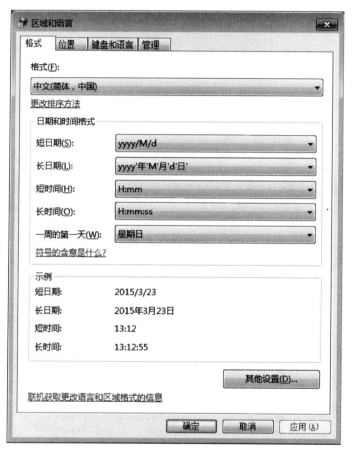

图 1-27 设置日期格式

5. 添加新硬件

计算机中配置了许多硬件设备,它们的性能和操作方式都不大一样。在使用计算机的过程中,有时需要查看和管理计算机连接的硬件设备,有时又需要添加一个新的硬件设备。

【操作方法】

① 打开"控制面板",单击"系统和安全"选项,在打开的窗口中单击"系统"选项。

② 在打开的窗口中,选择"高级系统设置",打开如图 1-28 所示的"系统属性"对话框。

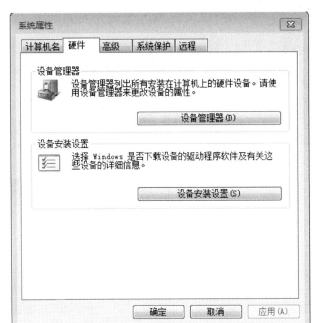

图 1-28　"系统属性"对话框

③ 在此对话框中选择"硬件"选项卡。

④ 单击"设备安装设置"按钮,选择操作方式后单击"保存更改"按钮,单击"确定"按钮,设置完成。

6. 建立用户账户

创建一个名字为 User1 的新账户,并设置为标准用户。

【操作方法】

① 打开"控制面板",单击"用户账户和家庭安全"下的"添加或删除用户账户"选项,打开"管理账户"窗口,如图 1-29 所示。

② 单击"创建一个新账户",在打开的对话框中输入新账户名"User1",选择"标准用户"单选项,如图 1-30 所示,单击"创建账户",即可完成 User1 新账户的创建。

③ 选择 User1 标准用户,可更改账户名称、创建密码、更改图片、设置家长控制及更改账户类型。选择"创建密码"选项,则可以按提示更换新的密码。有了账户密码后,再以此账户登录时,必须输入密码才能进入。

注意:只有计算机管理员账户才有权创建、更改和删除账户,可以安装并访问所有程序;标准用户只能更改或删除自己的密码和信息。但是,如果要执行影响该计算机其他用户的操作(如安装软件或更改安全设置),则 Windows 可能要求用户提供管理员账户的密码,从而起到保护计算机的作用。

图 1-29　创建新账户

图 1-30　设置账户类型

7. 系统和安全

下面介绍备份计算机的方法。

【操作方法】

① 打开"控制面板",单击"系统和安全"下的"备份您的计算机"选项。

② 在打开的"备份和还原"窗口中,单击"设置备份",选择要保存备份的位置,即可启动备份。

注意:备份的位置最好是外部硬盘。

第2章

Word 2016 操作实验

Word 2016 是 Microsoft Office 2016 办公系列软件之一,是目前办公自动化中较为流行的综合排版文字处理软件。Word 2016 集文字、表格、图形的录入、编辑、排版和打印功能于一体,为用户提供一个良好的文字输入、编辑和输出操作的工作环境。熟练掌握文档的编辑、排版技能是现代职场办公最基本的要求,本章主要练习文档编辑排版的常用操作方法。

第 1 节 Word 2016 的启动及窗口功能介绍

在 Windows 桌面上,单击任务栏上的"开始"按钮,选择"所有程序"→"Word 2016"选项,系统将启动 Word 2016 应用程序并创建一个名为"文档 1"的空白文档,图 2-1 所示为 Word 2016 启动后的窗口。

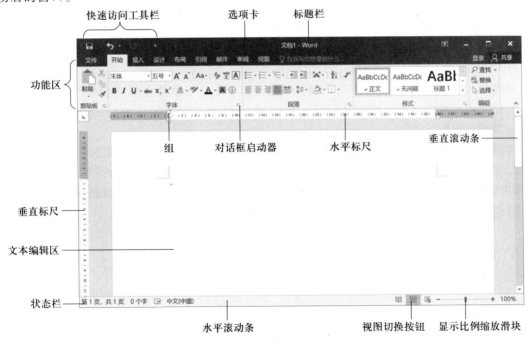

图 2-1 Word 2016 窗口

Word 2016 窗口的主要各项介绍如下。

1. 标题栏

标题栏位于屏幕窗口的顶部,正中显示程序和正在编辑的文件名称,如"文档 1"。左端的图标为 Word 的"保存"按钮,单击它可以保存当前文档;中间图标为"撤销自动更正"按钮和"重复键入"按钮,可以撤销和重复输入最近输入的内容;再往右为"自定义快速访问工具栏",这是一个自定义工具栏,显示最常用的命令,用户可以更改显示的工具图标;标题栏的右边是用于窗口控制的按钮,分别是功能区显示选项、最小化、向下还原/最大化和关闭按钮。

2. 功能区

标题栏下面为功能区,一般由文件、开始、插入、设计、布局、引用等选项卡组成,这些选项卡将相关命令组合到一起,以方便查找并使用,达到高效排版的目的。一般的文字录入、格式化、排版等,只在"开始"选项卡中即可完成;"文件"选项卡将大多数文档处理功能整合在一起,单击该选项卡就能快速找到所需功能;其他选项卡主要用于创建文档内容和格式。

每个选项卡又包含若干个"组",组将某些功能细化并以按钮、库或对话框的形式显示。如"字体"组中就包括文字加粗、倾斜按钮,字体、字号库,字体设置对话框等;对话框启动器位于每个组的右下角,单击它可以打开相应的对话框或任务窗格。

3. 文本编辑区

文本编辑区位于程序窗口内,用户在此区域内创建、编辑、排版文档,也称为文档窗口。Word 允许同时打开多个文档窗口。在"视图"选项卡的"窗口"组中可以选择窗口排列方式及从所有打开文档窗口的列表中选择当前窗口。

4. 标尺

标尺分为水平标尺和垂直标尺,分别在文本编辑区的顶端和左侧,是 Word 文档窗口中说明制表位等的标志。使用标尺可以查看正文、图片、表格等相对于页面的位置以及它们的宽度和高度,也可以利用标尺对正文进行排版。打开"视图"选项卡,勾选或取消"标尺"复选框可以显示或隐藏标尺。

5. 状态栏

状态栏位于窗口底部,显示有关当前操作的状态。右边依次是视图切换按钮、显示比例按钮和显示比例缩放滑块。

6. 文档的视图方式

文档的视图方式有 5 种,即阅读视图、页面视图、Web 版式视图、大纲视图和草稿,单击视图切换按钮可进行转换。页面视图可显示文档中的所有内容,充分体现"所见即所得"的工作环境;阅读视图隐藏了不必要的工具栏,自动在页面上缩放文档内容,具有最佳的屏幕显示效果,方便浏览;大纲视图便于创建大纲,重新安排文档结构。

第 2 节　Word 文档的创建与编辑

一、实验目的

① 熟悉 Word 2016 的窗口界面。

② 掌握文档创建、保存与打开的操作方法。

③ 掌握一种汉字的输入方法。

④ 掌握文档的基本编辑方法,包括插入、修改、删除、复制、移动等操作。

⑤ 掌握文档的查找与替换。

⑥ 了解文档的不同显示方式。

二、实验内容

文档的创建与编辑是 Word 2016 的基本操作,主要包括文档的创建(包括输入文档内容、保存文档等)、文档的编辑(包括选择、插入、删除、复制和移动文本)等。除此之外,Word 2016 还提供了查找和替换功能以及撤销和重复功能等。

1. 文档的创建

(1) 输入文档内容

输入以下内容(要求段首不空格,每行末尾不按 Enter 键,每段末尾按 Enter 键。)

一般的长篇论文、书籍等都有目录,使阅读者能够快速地了解文档的结构、层次和内容。在 Word 中,可以很方便地生成目录。在生成目录前,首先对文档中要显示目录的各级标题分别格式化。对于同一级别的标题,可用"格式刷"复制"标题"样式进行统一格式化,也可以选定某个级别的标题后,直接使用样式库中已有的样式。

生成目录的方法:单击要插入引文目录的位置,切换到"引用"选项卡界面,单击"目录"组中的"目录"按钮,显示系统内置的目录样式。从中选择一种样式,即可在插入点处显示所生成的目录。

如果要自定义目录样式,选择"自定义目录"命令,弹出"目录"对话框,单击"选项"按钮,可以重新设置要生成目录的级别;单击"修改"按钮,可以设置目录项的样式。

(2) 保存文档

将上述内容以文件名"练习 1.docx"、文件类型"Word 文档",保存在"Word 练习"文件夹中,然后关闭并退出 Word 程序。

【操作方法】

① 选择"开始"→"所有程序"→"Word 2016"选项,打开 Word 字处理窗口。

② 在页面视图下,选择一种中文输入方法,在编辑区中输入上述内容。在输入过程中要经常保存文档,以免造成损失。

③ 内容输入完毕后,单击"文件"选项卡下的"保存"命令,或者直接单击"快速访问工具栏"的"保存"按钮,将文件保存在指定的位置(如 D 盘的"Word 练习"文件夹内,若此文件夹不存在,可在"另存为"对话框中创建该文件夹),主文件名为"练习 1",文件的保存类型选择"Word 文档"。

④ 单击"文件"→"关闭"命令,或直接单击窗口右上角的"关闭"按钮退出 Word。

2. 文档的编辑

打开建立的文档"练习 1.docx",完成下面的编辑操作。

① 在文本前插入标题"目录提取方法"。

② 修改文档中的输入错误,练习文本的选定、修改、插入、删除操作。

③ 将文档中的所有"生成目录"替换为"提取目录"。

④ 将第 1 段的"在提取目录前……"另起一段排版。

⑤ 将第 3 段移动到第 2 段前面。

⑥ 以原文件名保存文档在"Word 练习"文件夹下。

【操作方法】

① 通过"计算机"或"Windows 资源管理器"找到文件"练习 1.docx",双击该文件,启动 Word 并打开此文档。

② 将光标移至文档首行的行首,使插入点切换到文档的起始位置,按下 Enter 键,这样就在文档的首行前插入了一行空行。

③ 将插入点切换到空行行首,输入标题"目录提取方法"。

④ 通过"选定""复制""移动""删除""剪切"等基本操作,修改文中的错误。

● "选定"操作:在要选定的字符前单击并按住鼠标左键拖动。

● "复制"操作:字符选定后,首先单击"开始"→"复制"命令,然后将光标切换到目标位置,再单击"开始"→"粘贴"命令即可。此外,也可将鼠标指向选中的部分,同时按住 Ctrl 键和鼠标左键将选中的文字复制到指定的位置。

● "剪切"操作:选定字符后,单击"开始"→"剪切"命令,或直接按下 Delete 键,则可删除选定的字符。

● "移动"操作:选定字符后,执行"剪切"操作,在目标位置处进行"粘贴"。此外,也可将鼠标指向选中的部分,按住鼠标左键将其拖动到目标位置。

对于这些基本编辑操作,均需先"选定",然后才能进行其他各种操作。此外,这些操作也可以通过右击鼠标,从弹出的快捷菜单中选择相应命令来实现。

⑤ 选择"开始"→"编辑"组中的"替换"命令,在弹出的"查找和替换"对话框中,选择"替换"选项卡,输入查找内容"生成目录"及要替换的内容"提取目录",单击"全部替换"按钮即可,如图 2-2 所示。

图 2-2　"查找和替换"对话框

查找替换功能还可以针对一些复杂的词语和符号,在文档录入中,先输入某个符号代替,然后统一进行查找替换,将所输入的符号替换为需要的词语,这样可以提高效率。

⑥ 在文档内容"在提取目录前,"前单击,按 Enter 键,使其另成一段。

⑦ 选中第 3 段后进行"剪切"操作,然后将光标移至第 2 段段首,在光标处进行"粘贴",或者直接选中第 3 段,按住鼠标左键拖动到第 2 段段首。

⑧ 选择"文件"→"保存"命令,或单击快速访问工具栏中的"保存"按钮,即可将修改后的文件以原名保存在原文件夹中。若想保存为一个不同名字的文档或更换保存的位置,则要单击"文件"菜单下的"另存为"来实现。

第 3 节　文档的排版与打印

一、实验目的

① 掌握字符的格式化方法。

② 掌握段落的格式化方法。

③ 掌握项目符号的设置方法。

④ 掌握文章分栏、首字下沉排版的方法。

⑤ 掌握页眉、页码的设置方法。

⑥ 掌握文档打印的方法。

二、实验内容

1. 设置标题格式

设置"练习 2.docx"文档的标题"海上升明月"为"方正舒体""二号",字符间距为"加宽""1磅",居中对齐,并为标题设置波浪边框和灰色 15%底纹。

【操作方法】

① 建立一个名为"练习 2.docx"的 Word 文档,输入内容如下:

海上升明月

四围都静寂了。太阳也收敛了它最后的光芒。炎热的空气中开始有了凉意。微风掠过了万顷烟波。船像一只大鱼在这汪洋的海上游泳。突然间,一轮红黄色大圆镜似的满月从海上升了起来。这时并没有万丈光芒来护持它。它只是一面明亮的宝镜,而且并没有夺目的光辉。但是青天的一角却被它染成了杏红的颜色。看! 天公画出了一幅何等优美的图画! 它给人们的印象,要超过所有的人间名作。

这面大圆镜愈往上升便愈缩小,红色也愈淡,不久它到了半天,就成了一轮皓月。这时上面有无际的青天,下面有无涯的碧海,我们这小小的孤舟真可以比作沧海的一粟。不消说,悬挂在天空的月轮月月依然,年年如此。而我们这些旅客,在这海上却只是暂时的过客罢了。与晚风、明月为友,这种趣味是不能用文字描写的。可是真正能够做到与晚风、明月为友的,就只有那些以海为家的人! 我虽不能以海为家,但做了一个海上的过客,也是幸事。

上船以来见过几次海上的明月。最难忘的就是最近的一夜。我们吃过午餐后在舱面散步,忽然看见远远的一盏红灯挂在一个石壁上面。这红灯并不亮。后来船走了许久,这盏石壁上的灯还是在原处。难道船没有走么? 但是我们明明看见船在走。后来这个闷葫芦终于给打破了。红灯渐渐地大起来,成了一面圆镜,腰间绕着一根黑带。它不断地向上升,突破了黑云,到了半天。我才知道这是一轮明月,先前被我认为石壁的,乃是层层的黑云。

② 选中标题"海上升明月",单击"开始"选项卡下"字体"组中的"字体"下拉列表框,选择"方正舒体"。在"字号"下拉列表框中,选择"二号"。字体、字号的设置,也可通过浮动工具栏来实现;还可以通过"开始"选项卡下的"字体"组中的"字体"对话框进行设置。

③ 单击"开始"→"字体"组中的"对话框启动器"按钮,打开如图 2-3 所示的"字体"对话框。在对话框中,单击"高级"选项卡,在"间距"栏中选择"加宽",在"磅值"栏中选择"1 磅",在"位置"栏中选择"标准",单击"确定"按钮即可设置字符的间距。

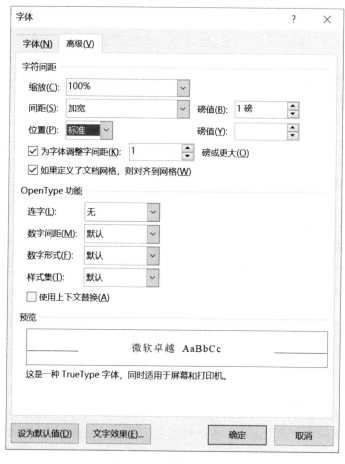

图 2-3　"字体"对话框

④ 选中标题,单击"开始"→"段落"组中的"居中"按钮,使标题居中对齐。

⑤ 选中标题,单击"开始"→"段落"组"边框"中的"边框和底纹"选项,在"边框"选项卡下的"样式"中选择"波浪线",在"底纹"的"填充"中选择颜色为"白色,背景 1,深色 15%",设置标题的边框和底纹。

⑥ 单击"确定"按钮。

2. 设置正文字体

设置文章内容的中文字体为小四号、仿宋体。

【操作方法】

① 选中文章的内容并右击鼠标。

② 利用浮动工具栏,在"字体"和"字号"下拉列表框中,分别选择"仿宋""小四"。

3. 设置段落首行缩进、段落间距和行间距

设置每段正文首行缩进 2 个字符;段落间距为 3 磅,行间距为 1.5 倍行距。

【操作方法】

① 选中文章的内容,右击鼠标,弹出快捷菜单,单击"段落"选项,打开"段落"对话框。

② 在"段落"对话框中,在"缩进和间距"选项卡中进行设置,设置"缩进"中的"特殊格式"为"首行缩进"、"缩进值"为"2 字符","间距"中的"段前""段后"均为"3 磅"、"行距"为"1.5 倍行距",设置后的"段落"对话框如图 2-4 所示。

图 2-4　"段落"对话框

③ 单击"确定"按钮。

4. 设置文档分栏排版格式

设置文档第 1 段分两栏排版,并设置分隔线,栏间距为 1 个字符。

【操作方法】

① 选中文档的第 1 段,选择"布局"下的"分栏"命令,单击"更多分栏"选项,打开如图 2-5 所示的"分栏"对话框。

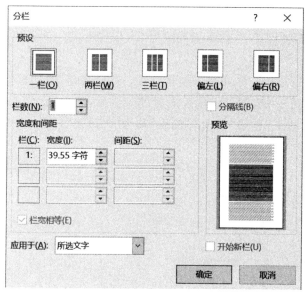

图 2-5　"分栏"对话框

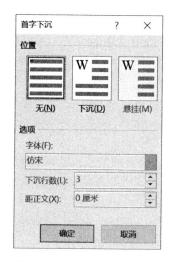

图 2-6　"首字下沉"对话框

② 在对话框中,选定"预设"框中的分栏格式为"两栏",设置"宽度和间距"框中的"间距"为"1 字符",选中"分隔线"复选框。

③ 单击"确定"按钮。

5. 设置段落首字下沉格式

设置文章第一段首字"下沉 3 行",首字字体为"仿宋"。

【操作方法】

① 单击第 1 段开始位置,选择"插入"→"文本"组中的"首字下沉"命令,打开如图 2-6 所示的"首字下沉"对话框。

② 在打开的对话框中,在"位置"部分选择"下沉",在"选项"部分选定首字的"字体"为"仿宋"、"下沉行数"为"3","距正文"为"0 厘米"。

③ 单击"确定"按钮。

注意:当需要同时进行分栏和首字下沉排版时,应该先分栏,再进行首字下沉设置。

6. 文字加下画线

将文档第 3 段最后一句话加上绿色波浪线着重号。

【操作方法】

① 选中第 3 段的最后一句"我虽不能以海为家,但做了一个海上的过客,也是幸事。"

② 右击鼠标,在弹出的快捷菜单中选择"字体"选项,打开"字体"对话框。

③ 选择"字体"选项卡,设置"所有文字"的下画线为"绿色""波浪线"。

④ 单击"确定"按钮。

7. 设置项目符号

在文档的末尾添加 3 行,并为最后 3 行设置项目符号"📖"。

【操作方法】

① 单击最后一段段尾处,输入 3 篇散文的标题"红海不红""海上的日出""乡心",并各占一行。

② 选中 3 行文字,选择"开始"→"段落"中的"项目符号",选择"定义新项目符号"。

③ 选中"📖"。

④ 单击"确定"按钮。

8. 设置页眉、页码

为文档加上页眉,奇数页的页眉为"海上升明月";偶数页的页眉为"Word 字处理"。为文档插入页码,格式为"-页码-"。

【操作方法】

① 双击文档页面的顶部,打开页眉和页脚工具。

② 选中"奇偶页不同"复选框;在奇数页的页眉处,输入内容"海上升明月";单击偶数页眉,输入"Word 字处理"。

③ 单击"转至页脚"工具按钮,单击"页码"下的"设置页码格式",设为"-1-"格式。

④ 单击"页码"中的"页面底端",选择一种样式。

9. 页面设置

当文档排版结束后,就可以打印输出了。在打印前首先要准备好打印机,并正确连接、配置,设置好使用的纸张,即完成了文档的页面设置。

例如,将上述文档设置打印纸张为 A4 纸,页边距为上下各 2.5 厘米、左右各 2.8 厘米。

【操作方法】

① 单击"布局"→"页面设置"组中的"纸张大小"命令,选择"A4"。

② 单击"页边距",选择"自定义页边距",打开"页面设置"对话框,设置上、下页边距均为"2.5 厘米",左、右页边距均为"2.8 厘米"。

③ 单击"确定"按钮,如图 2-7 所示。

10. 文档的预览与打印

在文档打印之前,一般要先进行打印预览,查看一下效果是否满意,然后再打印。

【操作方法】

① 选择"文件"→"打印"命令,在打开的"打印"窗口右侧显示打印预览的内容,如图 2-8 所示。

② 在打印窗口中,可以选择打印一份文档,也可以选择打印多份文档,还可以选择指定的页面进行打印。

③ 若选择打印一份文档,直接单击"打印"按钮即可;若需要打印多份文档,则应在"份数"框中输入要打印的份数,然后单击"打印"按钮即可;若要打印指定的页,则应单击"打印所有页"

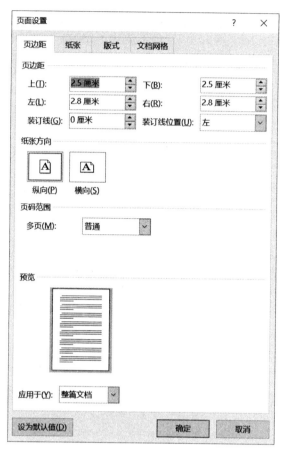

图 2-7 "页面设置"对话框

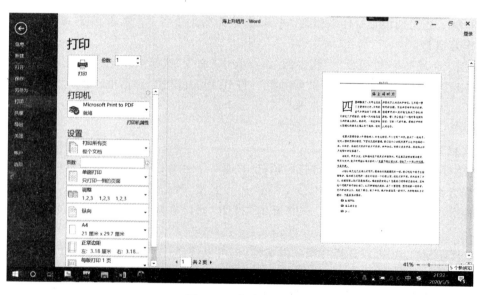

图 2-8 "打印"窗口

右侧的下拉列表按钮，在打开的“文档”选项中，选定“打印当前页面”，则打印插入点所在的页面；若选定“自定义打印范围”，还需要进一步设置打印的页码范围。

④ 将文档以“练习 2”为名保存。操作结果参考示例如图 2-9 所示。

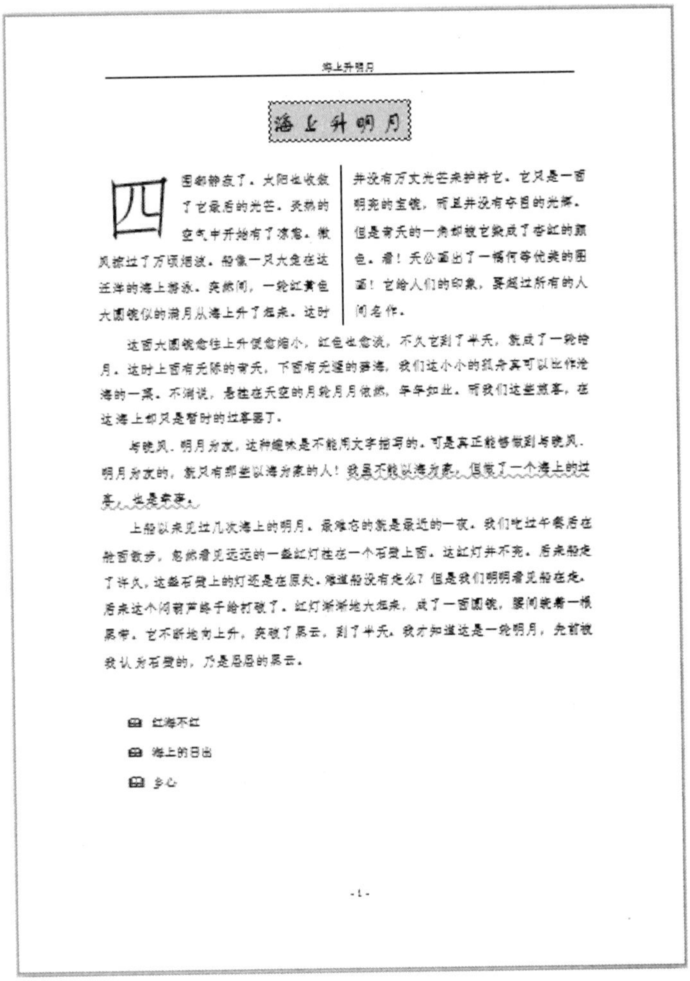

海上升明月

海上升明月

四围都静寂了。太阳也收敛了它最后的光芒。炎热的空气中开始有了凉意。微风掠过了万顷烟波。船像一只大鱼在这汪洋的海上游泳。突然间，一轮红黄色大圆镜似的满月从海上升了起来。这时并没有万丈光芒来护持它。它只是一面明亮的宝镜，而且并没有夺目的光辉。但是青天的一角却被它染成了杏红的颜色。看！天公画出了一幅何等优美的图画！它给人们的印象，要超过所有的人间名作。

这面大圆镜愈往上升便愈缩小，红色也愈淡，不久它到了半天，就成了一轮皓月。这时上面有无际的青天，下面有无垠的碧海，我们这小小的孤舟真可以比作沧海的一粟。不消说，悬挂在天空的月轮月月依然，年年如此。而我们这些旅客，在这海上却只是暂时的过客罢了。

与晚风、明月为友，这种趣味是不能用文字描写的。可是真正能够做到与晚风、明月为友的，就只有那些以海为家的人！我虽不能以海为家，但做了一个海上的过客，也是幸事。

上船以来见过几次海上的明月。最难忘的就是最近的一夜。我们吃过午餐后在舱面散步，忽然看见远远的一盏红灯挂在一个石壁上面。这红灯并不亮。后来船走了许久，这盏石壁上的灯还是在原处。难道船没有走么？但是我们明明看见船在走。后来这个闷葫芦终于给打破了。红灯渐渐地大起来，成了一面圆镜，腰间绕着一根黑带。它不断地向上升，突破了黑云，到了半天。我才知道这是一轮明月，先前被我认为石壁的，乃是层层的黑云。

红海不红

海上的日出

乡心

-1-

图 2-9　文档排版结果示例

第 4 节　表格的建立与编辑

一、实验目的

① 掌握 Word 表格的建立方法。

② 掌握表格工具栏的使用方法。

③ 掌握表格的编辑方法。

④ 掌握表格的格式化方法。

⑤ 掌握表格的计算与排序。

⑥ 掌握表格与文本的相互转换。

二、实验内容

1. 建立表格

建立一张学生成绩表,要求输入 3 名学生的姓名及 3 门课程的成绩,如表 2-1 所示。

表 2-1　成　绩　表

姓名	高等数学	大学物理	大学英语
张萌萌	85	75	86
王大力	90	82	76
李小明	88	78	65

【操作方法】

① 新建一个 Word 空白文档,单击"插入"→"表格",打开"插入表格"下拉框,选择插入 4×4 表格(4 行 4 列表格)。

② 单击单元格,在表格中依次输入相应的内容,并设置字体与字号分别为"宋体""5 号"。

2. 编辑表格

(1)选定表格的行、列或单元格

对表格操作前要先选定表格中的行、列或者单元格。单元格是表格中行和列交叉所形成的框。在表格中选定的方法基本上与在文档中选定文本的方法一样。

① 用鼠标拖动选择:移动鼠标指针到要选定区域的左上角单元格,拖动鼠标到要选定的右下角单元格,松开鼠标,则鼠标经过区域被选中。

② 使用选定区选择:在表格中也存在一个选定区,分别在表格的左边、单元格的左边界及表列的上端。

* 选定单元格:将鼠标指针移到单元格左边,当指针变为向右的黑色箭头时单击。
* 选定表行:移动鼠标指针到表格的左边,当指针变为向右的空心箭头时单击。
* 选定表列:移动鼠标指针到要选定列的顶端,当指针变为向下的黑色箭头时单击。

如果将鼠标指针移动到表格内,在表格左上角就会出现表格移动控点,单击此控点,将选定整个表格。

如果要在表尾快速地增加几行,则移动鼠标指针于表尾的最后一个单元格中,按 Tab 键,或移动鼠标指针于表尾最后一个单元格外,按 Enter 键,均可实现。

③ 使用表格菜单选择:移动鼠标指针到要选择表的行或列,通过"表格"菜单"选择"中的命令来实现。

(2)添加表格行与列

在表格的右侧增加一个"总分"列,在表格的第一行上面增加标题行,输入标题"学生成绩表",文字为小三号黑体,并且水平居中。

【操作方法】

① 单击表格最后一列任一单元格,选择"表格工具"→"布局"选项卡,单击"在右侧插入"命令,即可在光标所在列的右侧插入一列。

② 在新插入一列的第一行单元格中输入"总分"。

③ 单击表格第一行的任意单元格,选择"表格工具"的"布局"选项卡,单击"在上方插入"命令,即可在光标所在行的上方插入一行。

④ 单击表格第一行的左侧,即可选中第一行的 5 个单元格,然后右击,从弹出的快捷菜单中选择"合并单元格"选项。

⑤ 在第一行单元格中输入"学生成绩表",选中该单元格,从浮动工具组设置字体为"黑体"、字号为"小三号"。

⑥ 选中该单元格并右击,从弹出的快捷菜单中选择"单元格对齐方向"中的"居中"显示图标。

3. 设置表格格式

(1) 调整表格的行高和列宽

① 利用菜单命令:选中要调整的行或列,选择"表格工具"的"布局"选项卡下的"表"组中的"属性"命令,在弹出的"表格属性"对话框中单击"行"或"列"选项卡,填写"指定高度"或"指定宽度"数值,可精确调整行高和列宽。

② 利用标尺:单击表格任一单元格,将鼠标指针指向水平标尺的"移动表格列"或垂直标尺的"调整表格行"标记,当指针变为双向箭头时拖动鼠标,即可改变表格的行高和列宽。

如果直接将鼠标指针移到需调整列宽的单元格右边界上,当出现带有竖线的双向箭头时,向左或右拖动框线可以改变表格的列宽;用相似的方法也可以调整行的高度。

如果需要表格具有相同的行高或列宽,则选中要平均分布的行与列并右击,在弹出的快捷菜单中选择"平均分布各行"或"平均分布各列"选项即可。

例如,设置表格除标题外的其余各行行高为 24 磅,文字水平居中对齐。

【操作方法】

① 选中除标题外的其余各行,在"表格工具"的"布局"选项卡下的"单元格大小"组中,在"高度"文本框中输入"24 磅"。

② 在"布局"选项卡中,选择"对齐方式"组中的"水平居中"显示图标。

注意:表格的行高、列宽显示的单位可以是厘米、毫米或磅等,若要更改度量单位,可选择"文件"→"选项"命令,在"高级"选项中进行度量单位设置。

(2) 移动表格或调整表格的大小

将鼠标指针移动到表格内,在表格的左上角和右下角会同时出现表格移动控点和表格缩放控点。拖动移动控点可将表格拖放到文档中任意处。若将表格拖动到文字中,文字就会环绕表格;将鼠标指针移到缩放控点上,当变为双向箭头时可将表格调整到所需要的大小。如果单击表格移动控点选中表格,用"复制"及"粘贴"命令可以复制表格到其他位置。

例如,手动绘制一张表格,并调整到合适位置,缩放其大小。

【操作方法】

① 选择"插入"→"表格"组中的"表格"按钮,在打开的下拉菜单中单击"绘制表格"命令,

此时鼠标指针变成笔状光标。

② 将插入点定位在欲绘制表格处,按住鼠标左键并拖动鼠标到需要的大小,松开鼠标左键,便画出一个直线表格外框。

③ 根据需要继续画出表格中行与列的分隔线及其他线条,就可绘制出一个表格。

④ 如果要清除某条线,可以单击表格工具栏中的"擦除"按钮,出现橡皮状鼠标指针时拖动到该线条上单击鼠标。

⑤ 绘制好表格。将鼠标指针置于表格的任意位置,则出现表格缩放和移动标志,可以移动或缩放表格,绘制的不规则表格如图 2-10 所示。

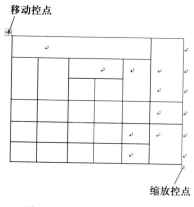

图 2-10　绘制的不规则表格

图 2-11　用"粘贴函数"计算

4.表格的数据计算与排序

计算表格中各学生的总分,并按总分由低到高排列。

【操作方法】

① 单击单元格 E3(即第 3 行第 5 列),选择"表格工具"的"布局"选项卡"数据"下的"公式"命令,打开"公式"对话框。

② 在"公式"对话框中,选择"粘贴函数"下的"SUM"函数,如图 2-11 所示,单击"确定"按钮,即可求出"张萌萌"的总分。分别单击 E4、E5 单元格,单击左上角的快速访问工具栏中的"重复公式"按钮 ↺,可以依次计算出王大力、李小明的总分。此外,还可以在"公式"一栏中,直接输入" =b3+c3+d3"来计算"张萌萌"的总分。计算后的表格截图如图 2-12 所示。

学生成绩表				
姓名	高等数学	大学物理	大学英语	总分
张萌萌	85	75	86	246
王大力	90	82	76	248
李小明	88	78	65	231

图 2-12　表格的数据计算截图

需要注意的是:公式或函数计算必须以"="开始。

③ 选中要排序的总分列,选择"数据"组中的"排序"命令。

④ 在打开的"排序"对话框中,单击列表选项组的"有标题行"单选按钮,"主要关键字"选"总分","次要关键字"根据需要设置,排序方式为按"数字"类型的"升序"排列,如图 2-13 所示。

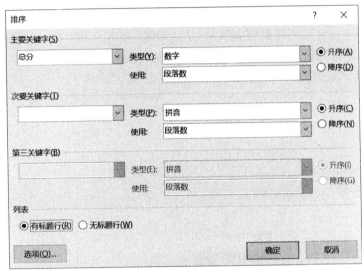

图 2-13　"排序"对话框

⑤ 单击"确定"按钮,即可按要求进行排序。

5. 设置表格边框

设置表格的外边框线为 2.25 磅,内框线为 1 磅的实线。

【操作方法】

① 选中表格,单击"表格工具"中"设计"选项卡下的"边框",选择"实线";粗细选择"2.25 磅";单击"边框"下拉箭头,选择"外侧框线",设置好外边框线。

② 单击"绘图边框",选择线宽"1 磅",单击"边框"下拉箭头,选择"内部框线"。

③ 单击"确定"按钮。设置后的表格截图如图 2-14 所示。

学生成绩表				
姓名	高等数学	大学物理	大学英语	总分
李小明	88	78	65	231
张萌萌	85	75	86	246
王大力	90	82	76	248

图 2-14　设置边框后的学生成绩表格截图

6. 文本与表格转换

在进行文档的编辑操作中,有时需要将一些文本与表格互相转换,以便于阅读。Word 可以很方便地实现这种转换。

【操作方法】

① 在文档中输入如下内容：

图书列表

图书名称	出版社	出版时间
C 语言程序设计	机械工业出版社	2019 年 8 月
大学物理	科学出版社	2018 年 7 月
大学计算机	高等教育出版社	2019 年 8 月

② 选中文本，单击"插入"→"表格"组中的"表格"按钮，在打开的下拉菜单中单击"文本转换成表格"命令，打开如图 2-15 示的"将文字转换成表格"对话框。

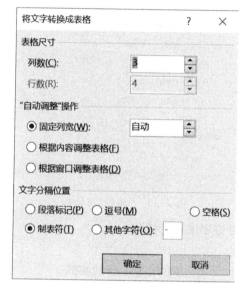

图 2-15 "将文字转换成表格"对话框

③ 在对话框的"表格尺寸"区输入表格的列数和行数。

④ 在"文字分隔位置"区中单击"制表符"单选项。

⑤ 单击"确定"按钮。设置表格内容居中对齐，转换后表格截图如图 2-16 所示。

图书名称	出版社	出版时间
C 语言程序设计	机械工业出版社	2019 年 8 月
大学物理	科学出版社	2018 年 7 月
大学计算机	高等教育出版社	2019 年 8 月

图 2-16 文本转换后的表格截图

⑥ 选中表格，选择"表格工具"中"设计"选项卡下的"边框"组中的"边框"命令，去掉表格的竖线和表格中除表头外的横线，将表格设为三线表格形式，线宽设置为"1 磅"。三线表格是论文中习惯采用的表格排版形式。

⑦ 设置表格文字为"宋体""5 号"。

⑧ 单击"确定"按钮,就完成了文本与表格的转换,并设置为三线表格的工作,如图 2-17 所示。

图书名称	出版社	出版时间
C 语言程序设计	机械工业出版社	2019 年 8 月
大学物理	科学出版社	2018 年 7 月
大学计算机	高等教育出版社	2019 年 8 月

图 2-17　三线表格示例

7. 保存文件

以"表格练习"为文件名,将表格保存在"Word 练习"文件夹中。

第 5 节　图　文　混　排

一、实验目的

① 掌握图片的插入方法。

② 掌握图片的编辑方法。

③ 掌握文本框的使用方法。

④ 掌握艺术字的使用方法。

⑤ 掌握插入脚注和尾注的方法。

⑥ 掌握图文混排的方法。

⑦ 掌握公式的输入方法。

二、实验内容

1. 插入图片

以"练习 2.docx"为例插入剪贴画图片。

【操作方法】

① 选择"插入"→"插图"组中的"联机图片"选项,打开如图 2-18 的"插入图片"窗口。

② 在"必应图像搜索"框中输入准备插入图片的关键字(例如"海"),单击"搜索必应"按钮,出现如图 2-19 所示的结果。

③ 单击滚动条,选择需要插入的图片,单击"插入"按钮即可插入图片。

2. 设置图片大小和位置

设置图片格式可以使用"图片工具"菜单功能,也可以使用快捷菜单中的选项。

当选中一个图片后,Word 窗口会自动增加一个"图片工具"功能区,利用此功能区中的工具可以设置图片的环绕方式、图片的大小和位置以及图片的边框等。

例如,利用"图片工具"功能区设置图片的大小,并设置图片为"四周型"环绕效果。

图 2-18 "插入图片"窗口

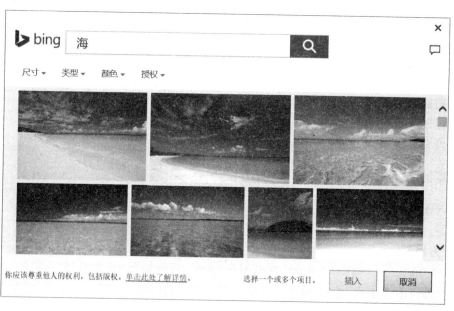

图 2-19 搜索图片对话框

① 选中插入的图片,将鼠标指针移至图片的四个角,将图片缩放为合适大小。

② 选中图片,单击"图片工具"的"格式"选项卡下"排列"组中的"位置"命令,出现图片环绕的下拉列表,单击"其他布局选项"按钮,打开如图 2-20 所示的"布局"对话框,在"文字环绕"选项卡中选择"四周型"环绕方式。

③ 单击"确定"按钮。

④ 移动图片至第 1 段的右侧位置。

图 2-20 "布局"对话框

3. 设置图片格式

设置图片的格式包括为图片添加边框以及设置图片的效果。

【操作方法】

① 在图片上右击,打开图片设置快捷菜单,单击其中的"设置对象格式"选项,在窗口右边打开如图 2-21 所示的"设置图片格式"窗格。

② 单击窗格中不同的标签图标,即可对图片的线条与填充、效果、布局属性、图片等进行设置。

③ 还可以在单击"图片格式工具"项目后,利用工具栏出现的各组图片设置命令进行设置。

4. 插入文本框

Word 中的文本框是一个独立的工具,利用文本框工具,可以方便地在文档中放置文本和图片,并可以随意移动、设置与文字环绕方式等,从而编排出更加丰富多彩的文档。文本框分为横排文本框和竖排文本框,可以把文本框看作一个特殊的图形对象。

图 2-21 "设置图片格式"窗格

例如,在文档中插入竖排文本框,将第 2 段文字置于竖排文本框中。

【操作方法】

① 选择"插入"→"文本"组的"文本框"按钮,打开文本框下拉列表框,单击"绘制竖排文本框"命令,即可在插入点处插入一个竖排的文本框。

② 选中文本框,将鼠标指针指向文本框的边框线,当鼠标指针变成"+"字箭头时,用鼠标拖动文本框,移动到第 2 段开始位置。

③ 选中文本框,在该文本框四周出现 8 个控制大小的小圆圈时,向外拖动边框线上的小圆圈,将文本框拖动到页面适合的大小。

④ 右击文本框,从弹出的快捷菜单中选择"设置形状格式"命令,打开如图 2-22 所示的"设置形状格式"窗格,单击"文本选项"标签,可以对"文本填充"与"文本轮廓"中的内容进行相应的设置。

⑤单击窗格中"形状选项"标签中的"填充与线条"标签,在"线条"中选择"3 磅""双线"。

⑥ 单击"确定"按钮。

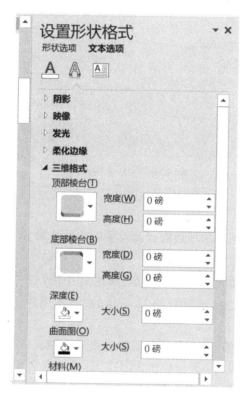

图 2-22　"设置形状格式"窗格

⑦ 选中第 2 段文字,选择"编辑"中的"剪切"命令,将插入点切换到文本框内,将第 2 段文字粘贴于文本框内。

5. 插入艺术字

艺术字是可添加到文档中的装饰性文本。在文档中添加艺术字可以使文档效果更美观。通过使用艺术字工具选项(在文档中插入或选择艺术字后自动提供),可以对艺术字(如字体大小和文本颜色)进行更改。

下面以在文档最后一段插入艺术字"海上升明月"为例,介绍插入艺术字的方法。

【操作方法】

① 单击文档的最后一段,选择"插入"→"文本"组中的"艺术字"命令。显示如图 2-23 所示艺术字样式。

② 单击一种艺术字样式,弹出编辑艺术字的对话框。

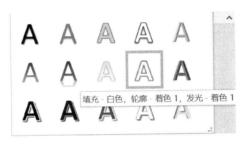

图 2-23　"艺术字样式"下拉框

③ 在弹出的"请在此放置您的文字"框中输入"海上升明月"。

④ 将艺术字拖动到段落中合适的位置并设置大小,单击"绘图工具"→"格式"下的"排列"组中的"位置"命令,选择艺术字与段落的环绕方式为"四周型"。

⑤ 在"艺术字样式"组中,选择"文本效果"中"转换"下"弯曲"命令中的"V 形:倒"效果。

6. 插入脚注和尾注

脚注和尾注都是注释,是 Word 提供的一种注释方法。脚注位于每一页面的底端,而尾注位于文档的结尾处。

下面以在文档中插入脚注"摘自《巴金散文》"和尾注"巴金散文集"为例,介绍插入脚注和尾注的方法。

【操作方法】

① 将插入点移到文档最后段落的文字后,选择"引用"→"脚注"组中的"插入脚注"命令。

② 在本页下方输入"摘自《巴金散文》",即可在文档下方插入一个脚注。

③ 将插入点移至倒数第 3 行的"红海不红"后,选择"引用"→"脚注"组中的"插入尾注"命令。

④ 在文档的最后输入"巴金散文集",即可在文档尾部插入一条尾注。

7. 设置页面边框

【操作方法】

① 单击文档任意位置,选择"开始"→"段落"组中"边框"下的"边框和底纹"命令。

② 选择"页面边框"选项卡,在"艺术型"下拉框中选择一种样式。

③ 单击"确定"按钮。完成后的文档效果如图 2-24 和图 2-25 所示。

8. 绘制图形

在文档中可以插入各种形状,这里的形状是指 Word 中一些预设的矢量图形对象,如线条、

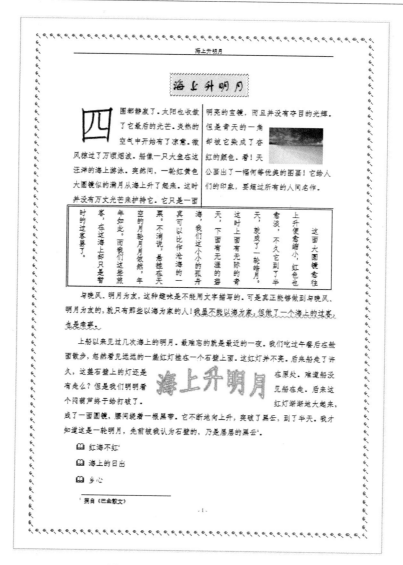

图 2-24 设置页面边框样例第 1 页

矩形、星与旗帜和标注等。矢量图形的特点是可以随意放大或缩小而不会失真,非常适合作为文档中的插图。在"插入"选项卡中"插图"组的"形状"中,含有 8 种预设的形状。选择某种类型中的图形形状,在文档空白处拖动"+"字光标,将形状设置为一定的大小,即可插入所选的图形形状。如果对形状大小不满意,可用形状四周的控点进行调整。

下面介绍绘制如图 2-26 所示图形的方法。

【操作方法】

① 单击"插入"→"插图"组中的"形状"按钮,打开形状下拉列表,选择"新建画布"命令,准备好一个绘图区域。

② 选择"流程图"类型,画出需要的流程图,调整画图区域大小至合适比例,如图 2-26 所示。

图 2-25　设置页面边框样例第 2 页

③ 选中两个图形,选择"布局"→"排列"中的"组合"命令,即可将选中的两个图形组合为一个整体。组合后的图形更方便整体移动、缩放、复制和删除。

9. 插入 SmartArt 图形

插入如图 2-27 所示的 SmartArt 图形。

【操作方法】

① 单击"插入"→"插图"组中的"SmartArt"命令,打开如图 2-28 所示的"选择 SmartArt 图形"对话框。

② 选择"循环"类别中的"基本循环",画出图 2-27 中的左图;选择"层次结构"类别中的"组织结构图",画出图 2-27 中的右图。

③ 输入图 2-27 右边流程图中的文字。

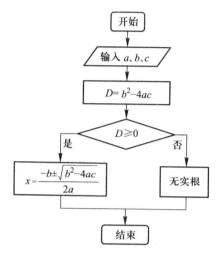

图 2-26 用"形状"绘制的图形

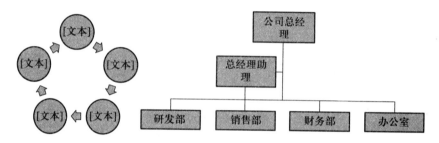

图 2-27 插入 SmartArt 图形

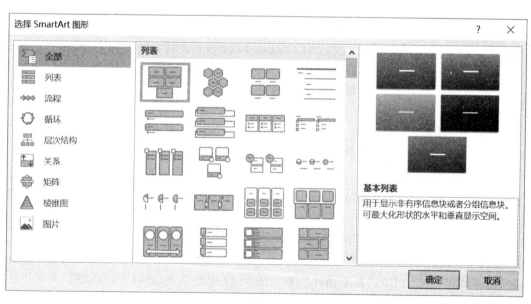

图 2-28 "选择 SmartArt 图形"对话框

10. 输入公式

在撰写一篇论文或编排一份试卷时，往往需要输入数学公式，尤其是在有些复杂的公式中含有一些键盘上没有的符号，或要求公式中带有特殊的格式时，用普通的输入方法无法完成，而用Word 提供的公式编辑器可以使这一问题变得简单。Word 2016 中的公式编辑器在其兼容模式下被禁用，只有在 Office 2010(或 2007)模式下才能调用。

例如，输入如下公式：

$$\Delta_p = \sum_{i=1}^{n} \int_0^{s_i} \frac{M_p y ds}{EJ}$$

【操作方法】

① 选择"插入"→"符号"组中的"公式"命令，打开公式下拉框，单击"插入新公式"以启动公式编辑器。

② 在"公式工具"的"设计"选项卡中，选择"结构"组和"符号"组中的按钮直接输入公式内容。

③ 输入完毕后，单击编辑框外任意位置则退出公式编辑状态。若要修改所编辑的公式，只需双击公式即可。

第 6 节　综 合 实 验

一、实验目的

① 理解样式的概念，掌握样式的设置。

② 掌握"分节符""分页符"的使用。

③ 掌握插入题注的操作。

④ 掌握同一篇文档中多组页码的设置以及页眉和页脚的设置，掌握页面的设置。

⑤ 掌握目录的提取。

⑥ 掌握文档的审阅。

⑦ 掌握邮件合并的操作。

二、实验内容

1. 设置标题及正文样式

样式是一组已命名存储的格式集合，分为段落样式和字符样式。当为所选择的文字应用样式时，Word 将同时应用所选样式中的所有设置。段落样式用来控制文档中的段落格式，包含段落的所有排版信息，如段间距、行间距、对齐方式等；字符样式是字符格式的一系列组合，包含与字符排版有关的信息，如字体、字号、加粗等。

样式按照形成方式可分为预定义样式和自定义样式：预定义样式是 Word 预先定义的内置样式，可直接应用；自定义样式是用户根据需要自己建立的新样式。

通过"样式"组中的按钮或命令可实现创建、查看或重新应用样式的操作。

下面以为文档的各级标题创建样式为例，练习样式的操作。

输入下面的文档,保存为 Word"文档 3.docx",并为文档创建各级标题及正文样式,应用于文档相应部分。

目录

图表目录

第一章概论

电子计算机作为 20 世纪科学技术最卓越的成就之一,是科学技术和生产力高度发展的必然产物。自从 1946 年第一台电子计算机诞生以来,计算机及其相关技术得到了迅猛的发展和推广,已广泛应用于社会的各个领域,有力地推动了信息社会的发展,已成为现代社会人们生活、学习和工作中不可缺少的工具。

1.1 计算工具的发展

在人类文明的发展史中,为了进行有效的计算,人类一直在不断地探索,曾先后发明了各种计算工具,并进行了大量的理论和实际的研究工作,这些都对计算机的产生奠定了基础。

1.2 电子计算机的诞生

美国麻省理工学院的数学家艾肯于 1944 年研制出了著名的 MARK Ⅰ 计算机,如图 1.1 所示。MARK Ⅰ 计算机使用了 3 000 多个继电器,用穿孔纸带代替了齿轮传动装置,实现了自动顺序控制,是最早的自动计算机。后来艾肯又研制出运算速度更快的机电式计算机 MARK Ⅱ 和 MARK Ⅲ。由于他采用的是机械式计算机的思想,所以最终被建立在电子管和晶体管之类的电子元件基础上的计算机技术所替代。

1946 年 2 月,大家公认的第一台通用电子数字计算机 ENIAC(Electronic Numerical Integrator And Computer)即"电子数字积分计算机"在美国宾西法尼亚大学研制成功,如图 1.2 所示。

图 1.1

图 1.2

1.3 近代计算机的发展

从第一台电子数字计算机诞生至今,计算机已走过了 70 多年的发展历程。在这期间,计算机的系统结构不断变化,应用领域不断拓宽,计算机的发展是突飞猛进的,给人类社会带来的变化也是巨大的。

1.3.1 第一代计算机

第一代计算机以电子管作为主要逻辑元件,其基本特征是体积大、耗电量大、可靠性低、成本高、运算速度低(每秒仅几千次)、内存容量小(仅为几 KB)。在这个时期,没有计算机软件,人们使用机器语言与符号语言编制程序。计算机只能在少数尖端领域中得到应用,主要用于军事和科学计算。

1.3.2　第二代计算机

第二代计算机采用晶体管作为主要逻辑元件,其基本特征是体积小、耗电量小、成本低。主存储器采用磁芯,外存储器使用磁盘和磁带,运算速度可达到每秒几十万次,可靠性和内存容量也有较大的提高。在软件方面提出了操作系统的概念,开始使用 FORTRAN、COBOL、ALGOL 等高级语言。

1.3.3　第三代计算机

第三代计算机采用中、小规模集成电路作为主要逻辑元件,其基本特征是主存储器采用半导体存储器代替磁芯存储器,外存储器使用磁盘。计算机的运算速度可达每秒几百万次,体积越来越小、价格越来越低、可靠性和存储容量进一步提高。计算机的外部设备种类繁多,出现了键盘和显示器,用户可以直接访问计算机并通过显示器得到计算机的响应。

1.3.4　第四代计算机

第四代计算机采用大规模与超大规模集成电路作为主要逻辑元件,其基本特征是计算机体积更小、功能更强、造价更低,各种性能都得到了大幅度的提高。主存储器采用半导体存储器,外存储器采用大容量的软、硬磁盘,并开始引入光盘,运算速度从每秒几百万次到亿万次以上。由于高新技术的不断发展,设计理念及技术不断更新,制造工艺技术逐年更换,使得同样大小的芯片功能得到惊人的改善。

将上面文档中的"目录""图表目录""第一章 概论"设置为标题 1,样式为黑体、二号字、居中显示,行距为单倍行距、段前段后均为 13 磅、大纲级别为 1 级;文中"1.1""1.2""1.3"项设置为标题 2,样式为黑体、三号字、左对齐、单倍行距,段前段后均为 13 磅、大纲级别为 2 级;"1.3.1""1.3.2""1.3.3""1.3.4"项设置为标题 3,黑体、四号字、左对齐、单倍行距,段前段后 13 磅、大纲级别为 3 级;正文设置为宋体、五号字、常规显示、首行缩进 2 字符、居中对齐、段前段后均为 0.5 行、大纲级别为正文文本,行距为 16 磅。

【操作方法】

① 在"开始"→"样式"组中,单击"样式"下拉箭头,选择"标题 1"快捷菜单中的"修改"命令,弹出"修改样式"对话框,如图 2-29 所示。

② 在弹出的"修改样式"对话框中,设置字体为"黑体",字号为"二号",设置"居中对齐"方式。

③ 单击对话框左下角的"格式"按钮,选择"段落"选项,在弹出的段落对话框中输入"段前""段后"间距均为"12 磅","行距"为"单倍行距","大纲级别"为 1 级,单击"确定"按钮。

④ 按上述两个步骤再分别对"标题 2""标题 3"和"正文"的样式进行相应设置。

⑤ 样式设置完毕,选中文档中的"目录""图表目录""第一章 概论",单击"标题 1"样式。选中文档的"1.1""1.2""1.3",单击"标题 2"样式;选中文档的"1.3.1""1.3.2""1.3.3""1.3.4",单击"标题 3"样式。完成标题格式的设定。选中各段落正文,设置正文格式。

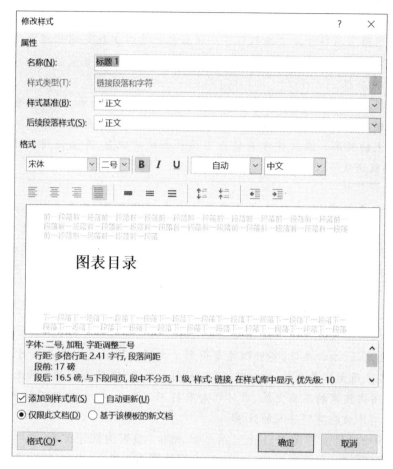

图 2-29 "修改样式"对话框

2. 分页与分节

（1）分页

文档中的"目录""图表目录""第一章"及其所有的内容都另起一页,并在第一章前设置分节,使第一章及其后的内容成为新的一节。

【操作方法】

① 单击第一行"目录"后面,即要开始新页的位置。

② 在"插入"选项卡上的"页面"组中,单击"分页",即可将"图表目录"设置在新的一页。

（2）分节

使用分节符改变文档中一个或多个页面的版式或格式,也可以为文档的某节创建不同的页眉或页脚。

【操作方法】

① 单击"图表目录"后面,即要开始新节的位置。

② 在"布局"选项卡上的"页面设置"组中,单击"分隔符"。

③ 在"分节符"组中,单击"下一页",即可在下一页插入分节符,将目录和正文分为两部分。

3. 为文档中所插入的图片插入题注

【操作方法】

① 在第 1 张图片的下一行,将光标居中,单击"引用"选项卡"题注"组中的"插入题注",则弹出"题注"对话框。

② 单击"新建标签"按钮,在弹出的"新建标签"对话框的"标签"文本框中输入"图 1.",如图 2-30 所示,单击"确定"按钮。

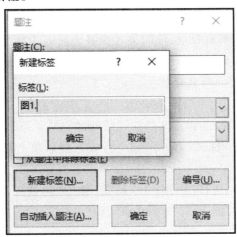

图 2-30 "题注"对话框

③ 此时在"题注"文本框中自动显示"图 1.1","标签"为"图 1.",单击"确定"按钮。

④ 在图片的下方出现"图 1.1",这时只在其后输入图标题"MARK Ⅰ 计算机"即可。每插入一张图片,执行"插入题注"命令,题注的编号会自动更新为图 1.2、图 1.3 等。

插入题注的好处是,如果在某个图片之前又插入了一个新的图片,只需执行"插入题注"命令,则 Word 会根据光标所在位置自动更新该题注的编号,文档中其余图标题的序号也会自动按顺序更新。

4. 为文档设置不同的页眉、页脚或页码

给文档加页码,目录和图表目录的页码采用"Ⅰ,Ⅱ,Ⅲ,…"格式,其他页码采用"1,2,3,…"格式;"目录""图表目录"不设置页眉,其他奇数页页眉为"大学计算机",偶数页页眉为"第一章概论"。

【操作方法】

① 确保在第一章的页面已设置好分节,使其成为新的一节。

② 双击文档中"目录"页面的顶部,单击"插入"→"页眉和页脚"组中的"页码"命令,在弹出的下拉框中选择"设置页码格式",打开"页码格式"对话框。

③ 在对话框的"编号格式"中设置页码为"Ⅰ,Ⅱ,Ⅲ,…"格式,在"页码编号"中输入"起始页码"为"Ⅰ",如图 2-31 所示,单击"确定"按钮。

图 2-31 "页码格式"对话框

④ 单击"页码"命令,选择页码位置为"页面底端",选择一种样式即可。

⑤ 双击正文文档中"第一章"页面的顶部,打开"页眉和页脚工具"下的"设计"选项卡。

⑥ 选中"奇偶页不同"复选框;在"设计"的"导航"组中,单击"链接到前一节"以禁用它。在奇数页的页眉处,输入"大学计算机";单击偶数页的页眉,输入"第一章 概论"。

⑦ 对正文页的页码进行设置,选择"转至页脚"命令,单击"页码"下的"设置页码格式",在对话框的"编号格式"中设置页码为"1,2,3,…",在"页码编号"中输入"起始页码"为"1",单击"确定"。

5. 提取目录

一般的长篇论文、书籍等都有目录,使阅读者能够快速地了解文档的结构、层次和内容。在生成目录前,要先对文档中要显示目录的各级标题分别格式化。对于同一级别的标题,可用"格式刷"复制"标题"样式进行统一格式化。

【操作方法】

① 单击要插入目录的位置,选择在文档的开始处,如"目录"后。

② 在"引用"选项卡上的"目录"组中,单击"目录",然后单击所需的目录样式,即可提取出文档中的各章节目录。

③ 在"图表目录"后单击,选择"引用"→"题注"组中的"插入表目录"命令,即可提取出文稿中的图表目录。实验结果如图 2-32 至图 2-35 所示。

图 2-32 目录页

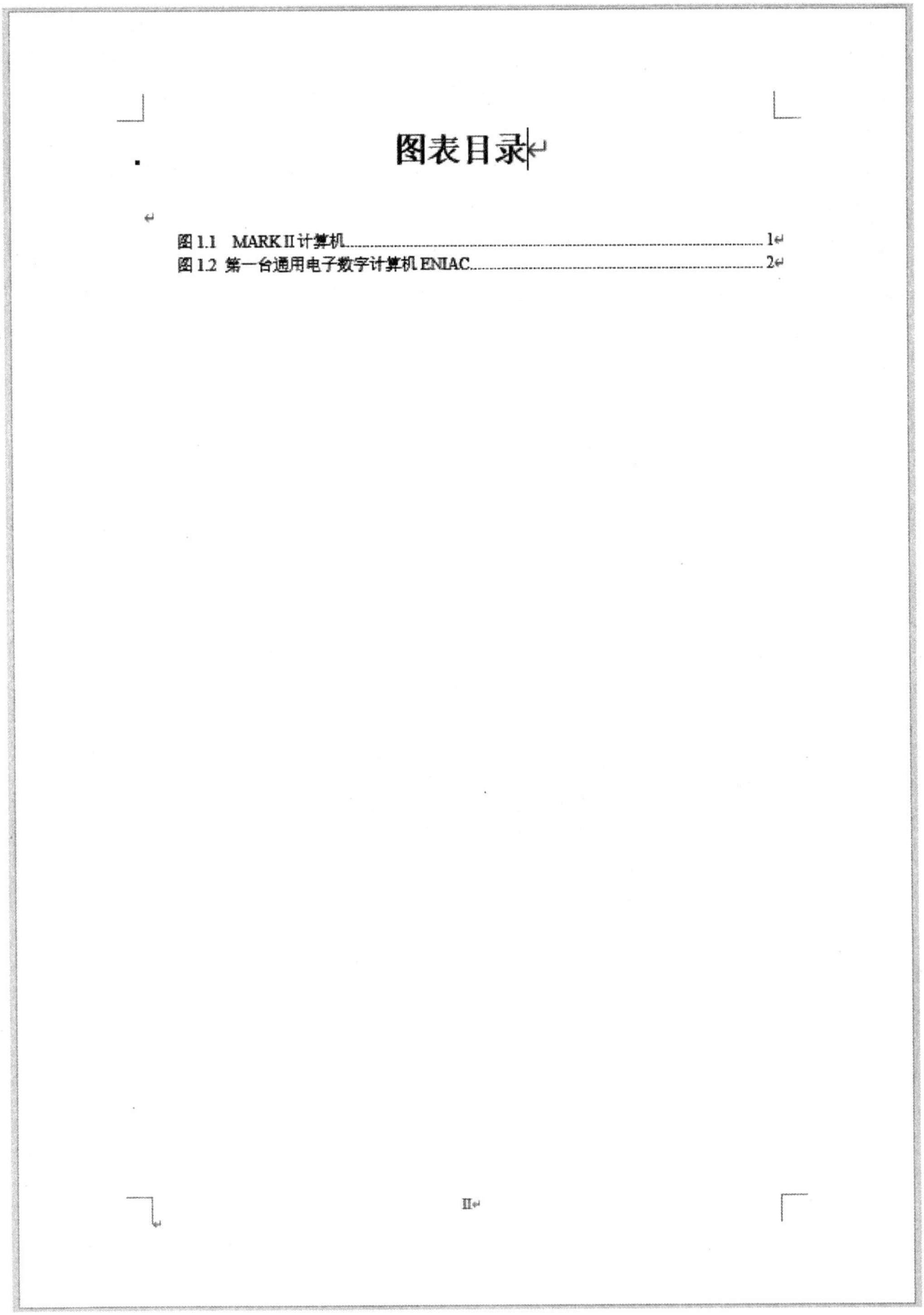

图表目录↵

图 2-33 图表目录页

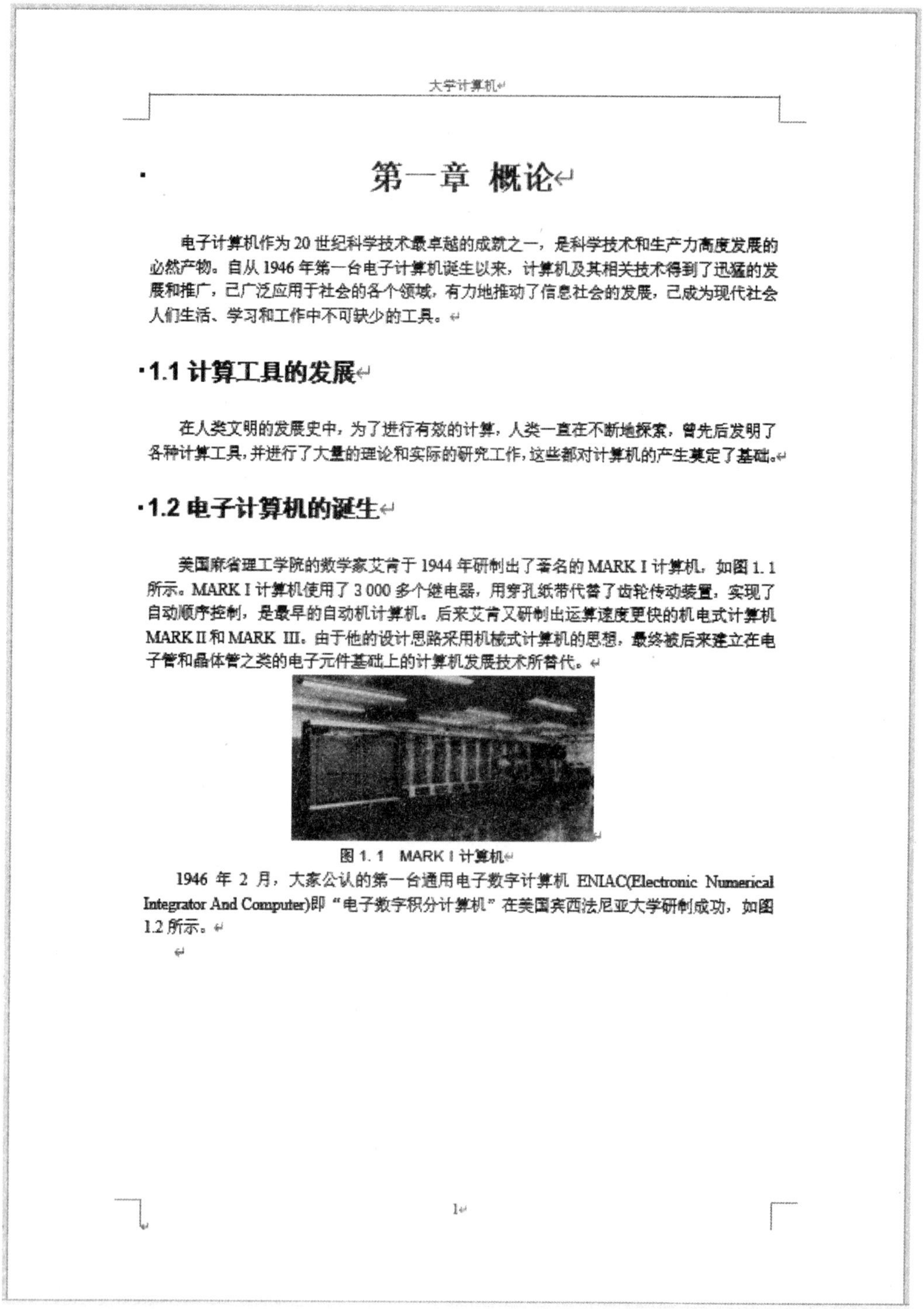

第一章 概论

电子计算机作为 20 世纪科学技术最卓越的成就之一，是科学技术和生产力高度发展的必然产物。自从 1946 年第一台电子计算机诞生以来，计算机及其相关技术得到了迅猛的发展和推广，已广泛应用于社会的各个领域，有力地推动了信息社会的发展，已成为现代社会人们生活、学习和工作中不可缺少的工具。

·1.1 计算工具的发展

在人类文明的发展史中，为了进行有效的计算，人类一直在不断地探索，曾先后发明了各种计算工具，并进行了大量的理论和实际的研究工作，这些都对计算机的产生奠定了基础。

·1.2 电子计算机的诞生

美国麻省理工学院的数学家艾肯于 1944 年研制出了著名的 MARK I 计算机，如图 1.1 所示。MARK I 计算机使用了 3 000 多个继电器，用穿孔纸带代替了齿轮传动装置，实现了自动顺序控制，是最早的自动机计算机。后来艾肯又研制出运算速度更快的机电式计算机 MARK II 和 MARK III。由于他的设计思路采用机械式计算机的思想，最终被后来建立在电子管和晶体管之类的电子元件基础上的计算机发展技术所替代。

图 1.1 MARK I 计算机

1946 年 2 月，大家公认的第一台通用电子数字计算机 ENIAC(Electronic Numerical Integrator And Computer)即"电子数字积分计算机"在美国宾西法尼亚大学研制成功，如图 1.2 所示。

图 2-34 正文第 1 页

第一章 概论

图 1.2 第一台通用电子数字计算机 ENIAC

·1.3 近代计算机的发展

从第一台电子数字计算机诞生至今，计算机已走过了 70 多年的发展历程。在这期间，计算机的系统结构不断变化，应用领域不断拓宽，计算机的发展是突飞猛进的，给人类社会带来的变化也是巨大的。

·1.3.1 第一代计算机

第一代计算机采用电子管作为主要逻辑元件，其基本特征是体积大、耗电量大、可靠性低，成本高，运算速度低（每秒仅几千次）、内存容量小（仅为几 KB）。在这个时期，没有计算机软件，人们使用机器语言与符号语言编制程序。计算机只能在少数尖端领域中得到应用，主要用于军事和科学计算。

·1.3.2 第二代计算机

第二代计算机采用晶体管作为主要逻辑元件，其基本特征是体积小、耗电量小，成本低。主存储器采用磁芯，外存储器使用磁盘和磁带，运算速度可达到每秒几十万次，可靠性和内存容量也有较大的提高。在软件方面提出了操作系统的概念，开始使用 FORTRAN、COBOL、ALGOL 等高级语言。

·1.3.3 第三代计算机

第三代计算机采用中、小规模集成电路作为主要逻辑元件，其基本特征是主存储器采用半导体存储器代替磁芯存储器，外存储器使用磁盘。计算机的运算速度可达每秒几百万次，体积越来越小，价格越来越低，可靠性和存储容量进一步提高。计算机的外部设备种类繁多，出现了键盘和显示器，用户可以直接访问计算机并通过显示器得到计算机的响应。

·1.3.4 第四代计算机

第四代计算机采用大规模与超大规模集成电路作为主要逻辑元件，其基本特征是计算机

2

图 2-35 正文第 2 页

6. 文档的审阅

文档编辑结束后，一般需要对文档进行校对、审查和修改，这就是文档的审阅。有时文档的编写者在听取别人的意见或建议时，并不希望他人将自己的文档修改得面目全非，只想知道哪些地方修改过。Word 中的批注和修订功能使用户可以在批改的地方做出标记，并且允许作者根据情况接受或拒绝改动，为文档的审阅带来方便。

（1）插入批注

例如，为"练习 1.docx"文档添加批注。

【操作方法】

① 打开"练习 1.docx"文档，将鼠标指针定位到要加批注处。

② 选择"审阅"选项卡，单击"批注"→"新建批注"命令，则在选定文字处插入一个带有引用标记的批注。批注内容可在右侧页边距的批注框中输入，如图 2-36 所示。

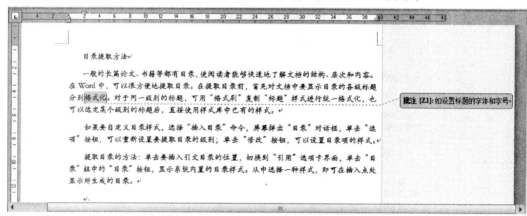

图 2-36 在文档中添加批注示例图

在默认状态下，批注引用标记由安装 Word 时输入的用户名缩写及批注序号组成。如果想改变审阅者的名字，单击"文件"选项卡中的"选项"命令，打开"Word 选项"对话框，选择"常规"标签，在"用户名"文本区将原用户名改为新的用户名即可。用户名修改后，插入批注标记的底色会发生变化，这样可以区别不同审阅者所做的标记。插入批注后，可以在"审阅"选项卡的"批注"组中单击"上一条"或"下一条"命令查阅批注。

如果要删除批注，右击批注标记，在出现的快捷菜单中选择"删除批注"选项即可。

（2）修订文档

例如，为"练习 1.docx"文档设置修订模式并进行修订。

【操作方法】

① 打开准备修订的文档"练习 1.docx"。

② 选择"审阅"选项卡，单击"修订"组中的"修订"命令，进入文档的修订状态。

③ 将标题居中并设置为"3 号、黑体"，在第 1 行添加"目录的设立可以"，删除第 2 行中"要显示"文字，结果如图 2-37 所示。

④ 如果修订的内容可以直接引用，将鼠标指针定位在修订标记上，选择"审阅"选项卡，单击"更改"组的"接受"→"接受此修订"命令；如果不想选用所做的修订，则在"更改"组的"拒绝"列表框中做出选择。

如果要退出修订状态，再次选择"修订"组中的"修订"命令即可。

7. 邮件合并

邮件合并是 Word 提供的方便工具，使用邮件合并可以很方便地将一份主题文档内容（如通知、信函、证书、标签等）与不同的内容合并，最终生成多份不同的文档。

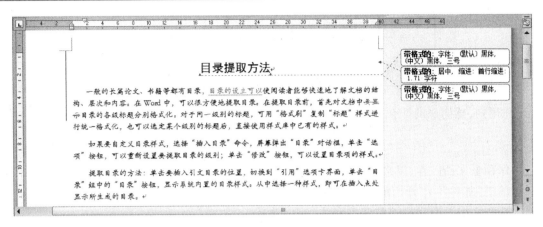

图 2-37 修订窗口显示示例

　　操作方法是通过创建一个主文档和一个数据源文件来生成多个文档,主文档是包含在合并文档中相同的部分,如信函的主体文本、图形等;数据源则是包含不同文档中变化的信息,如姓名、称谓、地址、学号、成绩等。在合并过程中,Word 把来自数据源的不同信息加入主文档的邮件合并域中,由此产生了主文档的不同版本。

　　例如,打印学生成绩单信函。学生成绩单文档已建好,如表 2-2 所示。

表 2-2 学生成绩单

学号	姓名	高等数学	大学物理	大学计算机
201965112	张三	90	70	80
201966345	李明	80	86	90
201966067	王志红	85	78	90
201965018	赵力	78	79	83
201966025	孙元	88	85	80
201966016	朱明	87	88	96
201966123	赵明明	90	91	95
201966234	李新红	75	83	86
201967324	阳杨	89	82	94
201967156	刘丽丽	85	88	90

【操作方法】

① 打开一个新文档(或打开一个准备作为主文档的文档)。

② 输入如下信函内容:

家长您好!

您的孩子　　　　2019—2020-1 学年的各科成绩如下:

高等数学	
大学物理	
大学计算机	

请您周知,感谢您的配合!

某某大学　材料工程学院

2020 年 1 月 10 日

③ 保存主文档内容,以文件名"信函"保存。

④ 单击"邮件"→"开始邮件合并"命令中的"邮件合并分步向导"。

⑤ 选择文档类型,如选"信函",单击"下一步"。

⑥ 选择如何设置信函:如选择"使用当前文档",单击"下一步"。

⑦ 选择收件人。

单击"浏览"按钮,打开数据源文件(存放要发信人员的表格文件,可以是 Word、Excel、数据库文件等,注意不要有斜线表头,应是二维表格)。

⑧ 单击"信函"按钮,将不同人的信息插入信函中。

在插入不同人的信息过程中,有时要插入收件人的称谓(如"先生""女士"等)、问候语(比如"您好")或者其他项目。

单击不同的位置,插入学号、姓名、高等数学、大学物理、大学计算机成绩。

⑨ 单击"下一步:预览信函","下一步:完成合并"。

⑩ 单击"编辑单个信函""打印"即可。

合并后生成的文档如图 2-38 所示。

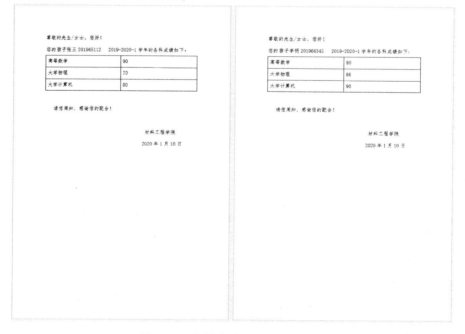

图 2-38　邮件合并生成的文档示例

第 7 节　综 合 练 习

1. 按照题目要求完成如下文档排版

建立一个名字为"习题 1.docx"的 Word 文档,内容如下:

荷塘月色

荷塘的四面,远远近近,高高低低都是树,而杨柳最多。这些树将一片荷塘重重围住;只在小路一旁,漏着几段空隙,像是特为月光留下的。树色一例是阴阴的,乍看像一团烟雾;但杨柳的丰姿,便在烟雾里也辨得出。树梢上隐隐约约的是一带远山,只有些大意罢了。树缝里也漏着一两点路灯光,没精打采的,是渴睡人的眼。这时候最热闹的,要数树上的蝉声与水里的蛙声;但热闹是它们的,我什么也没有。

忽然想起采莲的事情来了。采莲是江南的旧俗,似乎很早就有,而六朝时为盛;从诗歌里可以约略知道。采莲的是少年的女子,她们是荡着小船,唱着艳歌去的。采莲人不用说很多,还有看采莲的人。那是一个热闹的季节,也是一个风流的季节。梁元帝《采莲赋》里说得好:

于是妖童媛女,荡舟心许;鷁首徐回,兼传羽杯;櫂将移而藻挂,船欲动而萍开。尔其纤腰束素,迁延顾步;夏始春余,叶嫩花初,恐沾裳而浅笑,畏倾船而敛裾。

可见当时嬉游的光景了。这真是有趣的事,可惜我们现在早已无福消受了。

于是又记起《西洲曲》里的句子:

采莲南塘秋,莲花过人头;低头弄莲子,莲子清如水。今晚若有采莲人,这儿的莲花也算得"过人头"了;只不见一些流水的影子,是不行的。这令我到底惦着江南了。——这样想着,猛一抬头,不觉已是自己的门前;轻轻地推门进去,什么声息也没有,妻已睡熟好久了。

——选自朱自清的《荷塘月色》

① 设置"习题 1.docx"文档的标题"荷塘月色"为隶书、三号字,为标题设置波浪线边框和蓝色底纹,并居中。

② 设置文章正文文本为小四号楷体,字符间距为"0.3 磅"。

③ 设置每段正文首行缩进 2 字符,设置段前间距为"4 磅"、行间距为"1.5 倍行距"。

④ 设置文档第 2、3、4 段分两栏偏左排版,两栏间距为"2 字符",并加"分隔线"。

⑤ 将最后一段的文字"采莲南塘秋,莲花过人头;低头弄莲子,莲子清如水。"加上绿色的波浪线。

⑥ 为该文档设置页眉"朱自清《荷塘月色》",页脚处设置页码并居中显示。

(1) 设置标题

【操作方法】

① 选中标题"荷塘月色",单击"开始"选项卡下"字体"工具组中的"字体"下拉列表框,选择"隶书"。

② 在"字号"下拉框中选择"三号"。

③ 单击"段落"工具组中的"居中"按钮。

④ 单击"段落"工具组中的"边框"按钮,选择"边框和底纹"选项。打开"边框和底纹"对话框。显示如图 2-39 所示。

⑤ 单击"边框"选项卡,在样式框中选择边框的"样式"为"波浪线","宽度"为"1.5 磅",在"应用于"框中选择"文字"。

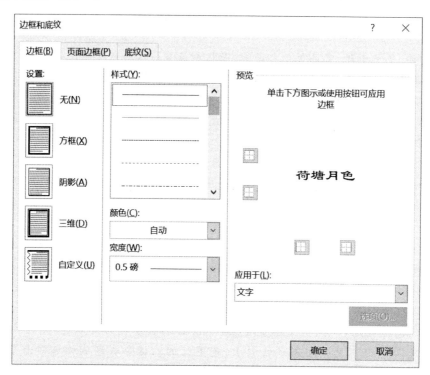

图 2-39 "边框和底纹"对话框

⑥ 单击"底纹"选项卡,选择填充颜色为"蓝色,个性色 1,淡色 60%"。

⑦ 单击"确定"按钮。

(2) 设置正文格式

① 选中正文内容,右击鼠标,在弹出的快捷菜单中选择"字体"选项,弹出"字体"对话框,如图 2-40 所示。

② 在"字体"对话框中,选择"字体"选项卡,在"中文字体"下拉框中选择"楷体",在"字号"下拉框中选择"小四号"。

③ 单击"高级"选项卡,在"字符间距"区域选择间距为"0.3 磅"。

④ 单击"确定"按钮。

⑤ 选中文章内容,单击"开始"→"段落"组中的"对话框启动器"按钮,打开"段落"对话框。

⑥ 在"段落"对话框中选择"缩进和间距"选项卡,设置特殊格式为"首行缩进",缩进值为"2字符",间距"段前"为"4 磅","行距"为"1.5 倍行距"。

⑦ 单击"确定"按钮。

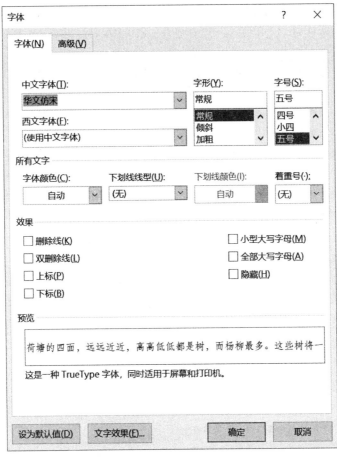

图 2-40　"字体"对话框

⑧ 选中文档的 2、3、4 段,选择"布局"→"页面设置"组中的"分栏",选择"更多分栏"命令,在"分栏"对话框中的"栏数"中选择 2,在"预设"中选择"偏左","间距"设为"2 字符",选中"分隔线"复选框。单击"确定"按钮。

⑨ 选中最后一段的文字"采莲南塘秋,莲花过人头;低头弄莲子,莲子清如水。"单击"开始"→"字体"组中的"下画线"下拉框,选择下画线颜色为"绿色",线型为"波浪线"。

⑩ 选择"插入"→"页眉",单击页眉位置,输入页眉"朱自清《荷塘月色》";单击"页脚",选中页脚位置,以及页码格式,输入起始页码。

将文档以"练习 1.docx"保存。操作结果参考示例如图 2-41 所示。

2. 在"练习 1.docx"文档的基础上完成以下设置

① 设置第 1 段首字下沉 2 行排版。

② 在第 1 段中插入竖排标题"荷塘月色",并设置标题为"楷体""四号",边框为"0.75 磅""双波浪线边框",环绕方式为"紧密型环绕"。

③ 在分栏的右侧插入图片,图片环绕方式为"紧密型",图片高度为"1.7 厘米",宽度为"2.48厘米"。

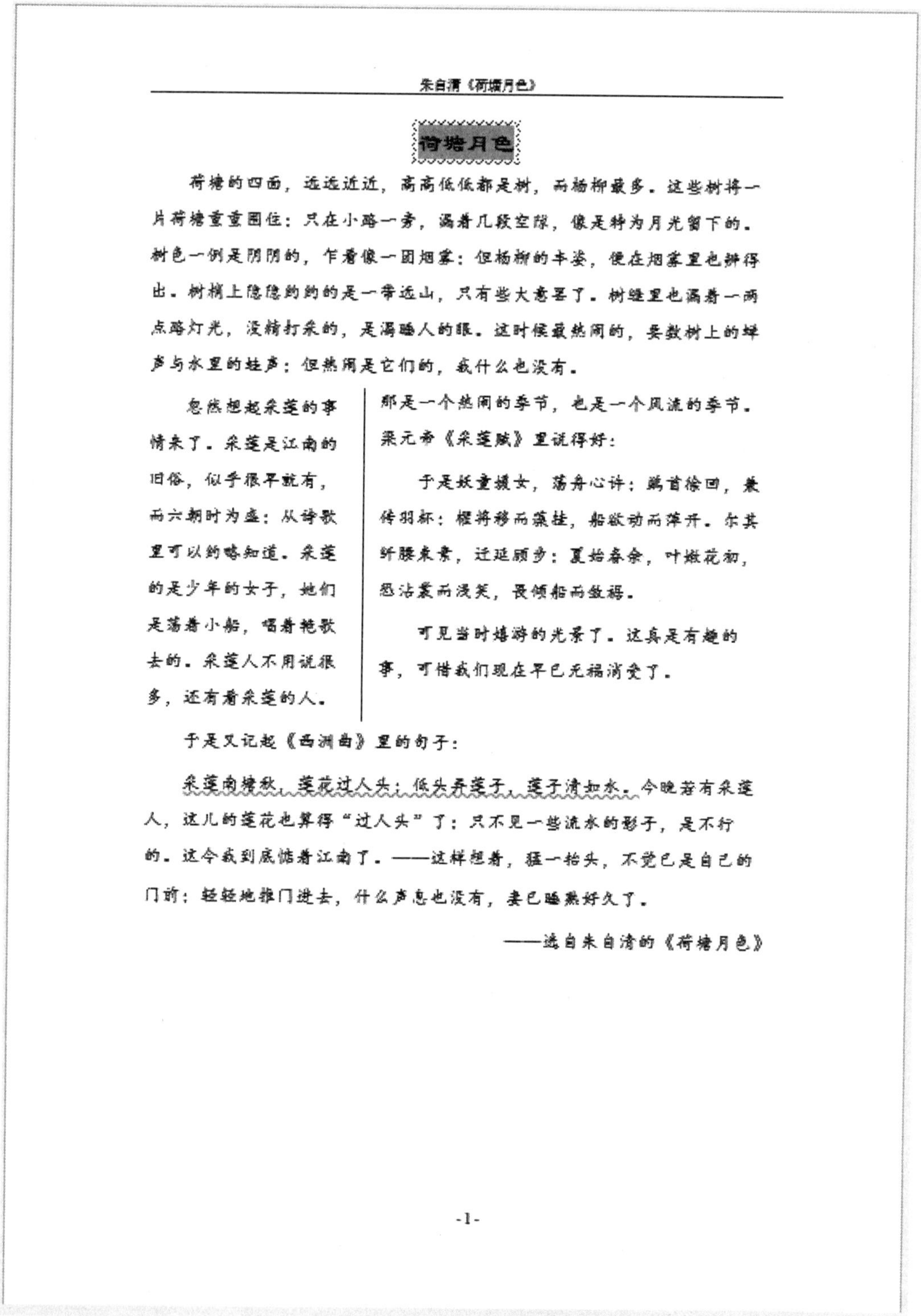

朱自清《荷塘月色》

荷塘月色

荷塘的四面，近近近近，高高低低都是树，而杨柳最多。这些树将一片荷塘重重围住：只在小路一旁，漏着几段空隙，像是特为月光留下的。树色一例是阴阴的，乍看像一团烟雾：但杨柳的丰姿，便在烟雾里也辨得出。树梢上隐隐约约的是一带远山，只有些大意罢了。树缝里也漏着一两点路灯光，没精打采的，是渴睡人的眼。这时候最热闹的，要数树上的蝉声与水里的蛙声：但热闹是它们的，我什么也没有。

忽然想起采莲的事情来了。采莲是江南的旧俗，似乎很早就有，而六朝时为盛：从诗歌里可以略略知道。采莲的是少年的女子，她们是荡着小船，唱着艳歌去的。采莲人不用说很多，还有着采莲的人。

那是一个热闹的季节，也是一个风流的季节。梁元帝《采莲赋》里说得好：

于是妖童媛女，荡舟心许：鹢首徐回，兼传羽杯：棹将移而藻挂，船欲动而萍开。尔其纤腰束素，迁延顾步：夏始春余，叶嫩花初，恐沾裳而浅笑，畏倾船而敛裾。

可见当时嬉游的光景了。这真是有趣的事，可惜我们现在早已无福消受了。

于是又记起《西洲曲》里的句子：

采莲南塘秋，莲花过人头：低头弄莲子，莲子清如水。今晚若有采莲人，这儿的莲花也算得"过人头"了：只不见一些流水的影子，是不行的。这令我到底惦着江南了。——这样想着，猛一抬头，不觉已是自己的门前：轻轻地推门进去，什么声息也没有，妻已睡熟好久了。

——选自朱自清的《荷塘月色》

-1-

图 2-41　练习 1 示例

④ 设置页面纸张大小为"A4"，上、下页边距为"2.5 厘米"，左、右页边距为"3 厘米"，每页 41 行，每行 39 个字符，页眉距边界"42 磅"，页脚距边界"48 磅"。

【操作方法】

① 单击第 1 段前面，单击"插入"→"文本"中的"首字下沉"下拉列表框，选择"首字下沉选项"。

② 在弹出对话框的"位置"中单击"下沉"，输入下沉行数为"2"，单击"确定"按钮。

③ 单击第 1 段中任意位置，单击"插入"→"文本"中的"文本框"下拉列表框，选择"绘制竖排文本框"命令，移动鼠标指针到指定位置，单击并按住左键拖动到合适大小，即可插入一个竖排文本框。

④ 将插入点切换到文本框内，输入文本内容"荷塘月色"，设置文字为"楷体""四号"。

⑤ 选中文本框，单击"绘图工具"→"格式"下"排列"组中的"位置"，选择"其他布局选项"命令，打开"布局"对话框，在"文字环绕"选项卡中选择"紧密型"环绕方式。

⑥ 选中文本框，单击"段落"→"边框"按钮，选择"边框和底纹"选项。打开"边框和底纹"对话框。

⑦ 单击"边框"选项卡，在样式框中选择边框的样式为"双波浪线"，宽度为"0.75 磅"，颜色为"红色"，在"应用于"框中选择"段落"。单击"选项"按钮，设置边框线"距正文间距"上、下均为"2 磅"，左、右均为"4 磅"。

⑧ 单击分栏内容的右侧，选择"插入"选项卡下"插图"组中的"联机图片"命令，在对话框中搜索要插入的图片，单击"插入"按钮。

⑨ 选中图片，在"图片工具"的"大小"组中设置图片高度为"1.7 厘米"，宽度为"2.48 厘米"。在"排列"组中单击"环绕文字"按钮，选择"紧密型环绕"，移动图片到合适位置。

⑩ 单击"布局"选项卡，在"页面设置"组中打开"页面设置"对话框，设置纸张大小为"A4"，上、下页边距为"2.5 厘米"，左、右页边距为"3 厘米"，每页 41 行，每行 39 个字符，页眉距边界"42 磅"，页脚距边界"48 磅"。

保存文档为"练习 2.docx"，排版后的文档如图 2-42 所示。

3. 按照表 2-3 建立一张学生成绩表，并使用函数计算每名学生的总成绩及平均成绩

表 2-3　2019 级 1 班部分学生成绩表

姓名	成绩		
	线性代数	高等数学	普通物理
王小楠	77	80	82
张玲玲	84	82	88
齐天明	88	78	90
刘涛	85	81	88

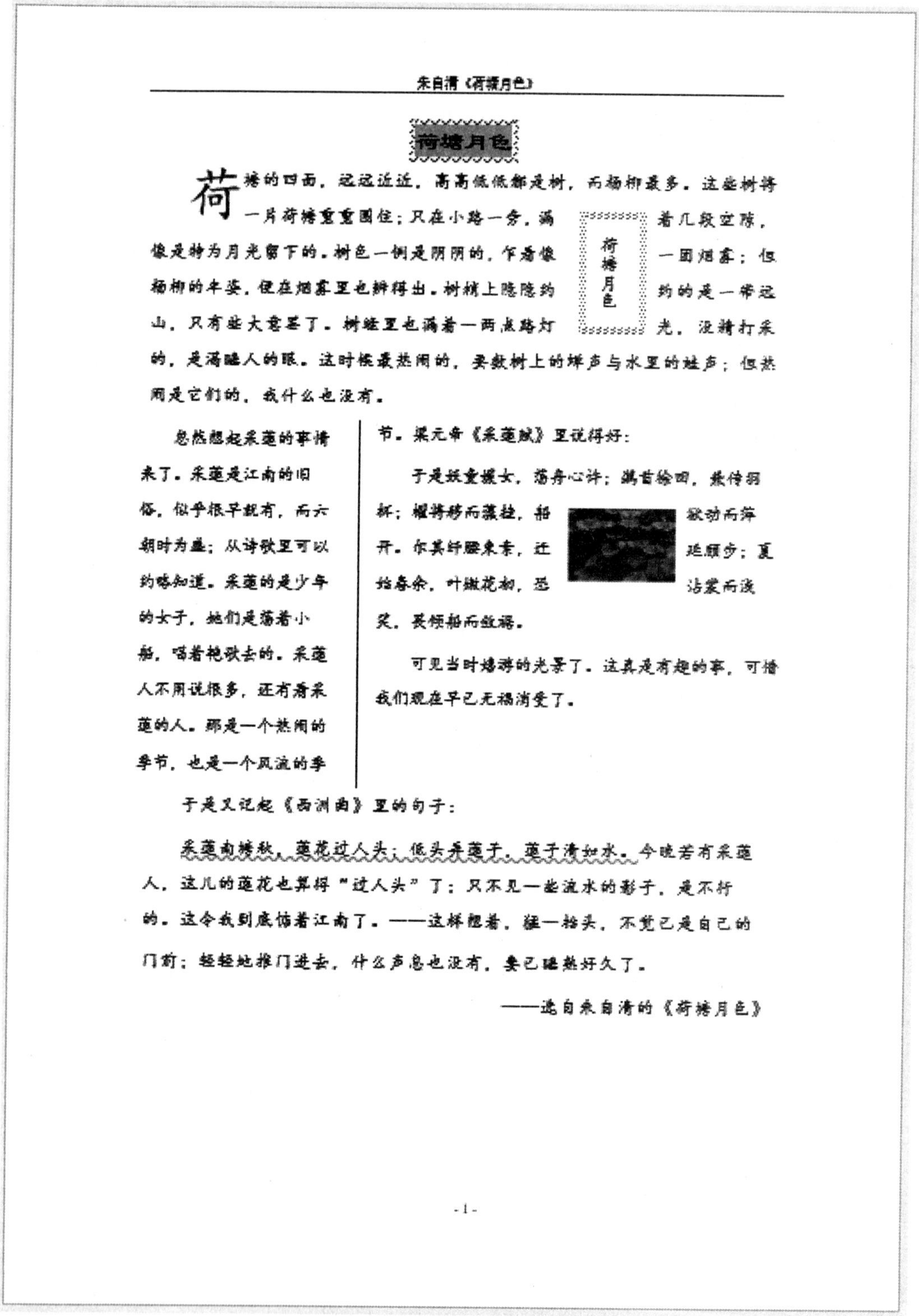

朱自清《荷塘月色》

荷塘月色

荷塘的四面，远远近近，高高低低都是树，而杨柳最多。这些树将一片荷塘重重围住；只在小路一旁，漏着几段空隙，像是特为月光留下的。树色一例是阴阴的，乍看像一团烟雾；但杨柳的丰姿，便在烟雾里也辨得出。树梢上隐隐约约的是一带远山，只有些大意罢了。树缝里也漏着一两点路灯光，没精打采的，是渴睡人的眼。这时候最热闹的，要数树上的蝉声与水里的蛙声；但热闹是它们的，我什么也没有。

忽然想起采莲的事情来了。采莲是江南的旧俗，似乎很早就有，而六朝时为盛；从诗歌里可以约略知道。采莲的是少年的女子，她们是荡着小船，唱着艳歌去的。采莲人不用说很多，还有看采莲的人。那是一个热闹的季节，也是一个风流的季节。梁元帝《采莲赋》里说得好：

于是妖童媛女，荡舟心许；鹢首徐回，兼传羽杯；棹将移而藻挂，船欲动而萍开。尔其纤腰束素，迁延顾步；夏始春余，叶嫩花初，恐沾裳而浅笑，畏倾船而敛裾。

可见当时嬉游的光景了。这真是有趣的事，可惜我们现在早已无福消受了。

于是又记起《西洲曲》里的句子：

采莲南塘秋，莲花过人头；低头弄莲子，莲子清如水。今晚若有采莲人，这儿的莲花也算得"过人头"了；只不见一些流水的影子，是不行的。这令我到底惦着江南了。——这样想着，猛一抬头，不觉已是自己的门前；轻轻地推门进去，什么声息也没有，妻已睡熟好久了。

——选自朱自清的《荷塘月色》

图 2-42 "练习 2.docx"排版示例

① 建立一个表格,输入学生信息与各科成绩。

② 设置表格外框为 1.5 磅双实线,内部线型为 1 磅细实线。

③ 插入表头,使用文本框,输入表头名称。

④ 插入总成绩列、平均成绩列。

⑤ 使用函数计算每名学生的总成绩及平均成绩。

【操作方法】

① 选择"插入"→"表格"命令,插入 6 行 4 列的表格。

② 选中第 1 列的第 1、2 个单元格并右击,选择"合并单元格";选中第 1 行的第 2、3、4 个单元格执行同样的命令。

③ 输入表头、学生信息和各科成绩。

④ 单击第 4 列第 2 行,选择"表格工具"的"布局"选项卡,在"行和列"组中单击 2 次"在右侧插入",插入 2 列,并在第 1 行再次合并单元格。输入"总分""平均分"。选中表格,选择"表格工具"中的"布局"中"对齐方式"组中的"水平居中"。

⑤ 单击"王小楠"的总分单元格,单击"数据"组中的"公式",弹出"公式"对话框,单击"确定"按钮,计算出第 1 位同学的成绩。

⑥ 单击第 2 位同学"张玲玲"的总分单元格,单击"重复公式"按钮,计算出总分。以此方法计算出其他同学的总分。

⑦ 单击"王小楠"的平均分单元格,单击"公式",弹出"公式"对话框,删除 SUM 函数,在"粘贴函数"中选择"AVERAGE",在括号内输入"b3：d3",单击"确定"按钮,计算出第 1 位同学的平均成绩。单击第 2 位同学"张玲玲"的平均分单元格,单击"公式"按钮,选择粘贴函数,输入"b4：d4",计算平均分。以此方法计算出其他同学的平均分。

⑧ 选中表格,单击"表格工具"中"设计"下"边框"组中"边框样式"和"笔画粗细",设置表格外框为 1.5 磅双实线,内部线型为 1 磅细实线。完成排版设计参考样例如图 2-43 所示。

姓名	成绩				
	线性代数	高等数学	普通物理	总分	平均分
王小楠	77	80	82	239	79.67
张玲玲	84	82	88	254	84.67
齐天明	88	78	90	256	85.33
刘涛	85	81	88	254	84.67

图 2-43　表格计算示例

第 3 章

Excel 2016 操作实验

第 1 节　工作簿的基本操作

一、实验目的

① 掌握 Excel 2016 的启动方法,认识工作簿窗口。

② 掌握建立与保存工作簿的方法。

③ 掌握打开和关闭工作簿的方法。

二、实验内容

1. Excel 的启动

【操作方法】

在 Windows 桌面上,单击任务栏上的"开始"按钮,选择" Excel 2016"程序项,系统将启动 Excel 2016 应用程序,选择"空白工作簿",屏幕显示图 3-1 所示的 Excel 2016 窗口,默认文件名为"工作簿 1"。

Excel 2016 窗口具有与 Word 2016 相同的标题栏、功能区和状态栏。功能区中代替"引用"和"邮件"选项卡的是用于数据计算、统计及分析的"公式"和"数据"两个选项卡。除此之外,Excel 2016 窗口还有以下各项:

① 编辑栏:位于功能区的下方,自左至右依次由名称框、工具按钮和数据编辑区 3 部分组成。当某个单元格被激活时,其编号(例如 A1)随即在名称框中出现。用户输入的文字或数据,将在该单元格与数据编辑区同时显示,如图 3-2 所示。需要说明的是,编辑栏中的"输入"按钮和"取消"按钮平时呈灰色(如图 3-1 所示),只有当用户在右端编辑公式或文字时,才变成图 3-2所示的样式。

② 工作簿窗口:位于 Excel 窗口内,包含工作簿,前面有当前工作表。Excel 允许用户同时打开多个工作簿,每个工作簿各占用一个窗口。在图 3-1 中只打开一个工作簿窗口。

③ 工作表标签:位于工作簿窗口底部,用于显示工作表名称。单击工作表标签可以选择工作表,图 3-1 中当前工作表为 Sheet1。Excel 2016 启动时默认只显示一个工作表,可以通过单击

"新工作表"按钮快速添加多个工作表。

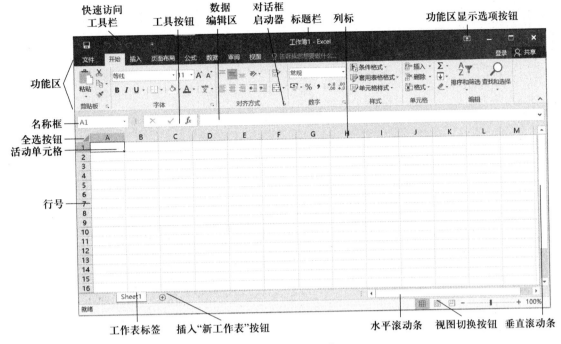

图 3-1 Excel 2016 窗口

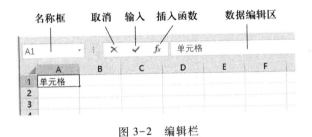

图 3-2 编辑栏

2. 建立、保存、打开和关闭工作簿

(1) 建立和保存工作簿

新建并保存一个名为"职工工资"的工作簿。

【操作方法】

① 启动 Excel 2016 应用程序,选择"空白工作簿"项,该工作簿名默认为"工作簿 1"。

② 单击快速访问工具栏上的"保存"按钮,屏幕显示"另存为"对话框。

③ 选择文件要保存的位置,如"浏览",依次找到文件要保存到的磁盘以及文件夹。

④ 在"文件名"文本框中输入新工作簿名,如"职工工资",如图 3-3 所示,单击"保存"按钮。

(2) 用命令建立并关闭工作簿

新建一个名为"销售统计"的工作簿。

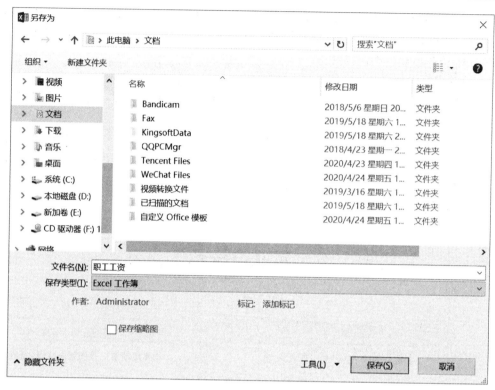

图 3-3 "另存为"对话框

【操作方法】

① 在上述 Excel 2016 应用程序界面,选择"文件"选项卡中的"新建"命令。

② 选择"空白工作簿"项将直接打开一个新工作簿窗口。

③ 单击"文件"选项卡中的"保存"命令,在"另存为"对话框中依次选择文件要保存到的磁盘以及文件夹。

④ 在"文件名"文本框中输入新工作簿名,如"销售统计",单击"保存"按钮。

⑤ 选择"文件"选项卡中的"关闭"命令,可关闭"销售统计"工作簿(但未退出 Excel)。

⑥ 如果单击 Excel 右上角的"关闭"按钮,可关闭该工作簿。在只有一个工作簿打开的情况下,可以同时退出 Excel 应用程序。

需要说明的是,如果同时打开 2 个以上的工作簿,将鼠标指针移动到任务栏的 Excel 应用程序图标处,可以看到所有工作簿文件,此时可以选择其中 1 个进行操作。

在保存文件时,若保存类型选择"Excel 97-2003 工作簿(＊.xls)",则可以在 2003 版本下打开该文件,但是有些功能可能不可用。

(3)打开工作簿

可选用如下方法之一打开工作簿:

【操作方法】

① 选择要打开文件所在的磁盘或文件夹,找到"职工工资"工作簿图标并双击它,将直接打开该工作簿窗口。

② 在 Excel 2016 应用程序界面,选择"文件"选项卡中的"打开"命令,显示"打开"对话框。选择文件所在的磁盘或文件夹,单击要打开的工作簿名,如"销售统计",单击"打开"按钮。

（4）重新保存已命名的工作簿

【操作方法】

① 打开已有工作簿"职工工资",选择"文件"选项卡中的"另存为"命令,显示"另存为"对话框,如图 3-3 所示。在"文件名"文本框中输入新工作簿名,如"职工信息",单击"保存"按钮。

② 选择文件要保存到的磁盘或文件夹,在"文件名"文本框中输入新工作簿名,如"职工信息",单击"保存"按钮。

注意:在同一磁盘的同一文件夹中不能用原文件名命名。如果仍然采用该文件名,需要将其保存到其他文件夹中。

第 2 节　建立与编辑工作表

一、实验目的

① 掌握向工作表输入数据的方法。
② 掌握编辑单元格中数据的方法。

二、实验内容

1. 输入数据

（1）按照表 3-1 所示内容输入数据

表 3-1　职工工资表

编号	姓名	工龄	部门	基本工资	奖金
C0010	刘杨	9	销售部	2852	1750
C0011	汪润泽	10	技术部	3266	2650
C0012	赵海洋	13	销售部	4258	2850
C0013	李燕霞	5	培训部	2654	1750
C0014	陈萌	7	技术部	2795	1900
C0015	王大为	15	培训部	3805	1850
C0016	张明辉	6	销售部	2830	1500
C0017	董红	11	技术部	3615	2650

【操作方法】

① 打开"职工工资"工作簿,选择 A1:F1,依次输入"编号""姓名""工龄""部门""基本工

资""奖金"。

② 在 A2 单元格中输入"C0010",然后拖动其右下角的填充柄到 A9 单元格,自动完成编号的输入,如图 3-4 所示。

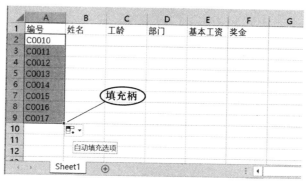

图 3-4 自动填充等差序列数据

③ 在工作表其他位置(如 B12:B14)依次输入"销售部""技术部"和"培训部",然后选择 D2:D9 区域。

④ 单击"数据"选项卡中"数据工具"组的"数据验证"按钮,显示"数据验证"对话框。

⑤ 在"允许"下拉列表框中选择"序列",单击"来源"文本框,选择数据序列来源"$B$12:$B$14",如图 3-5 所示。

图 3-5 设置"数据验证"条件

⑥ 确定后,当输入职工所在部门时会出现下拉箭头,供录入者选择,免去在键盘上逐一输入的麻烦。

⑦ 依次输入每位职工的姓名、工龄、基本工资和奖金,结果如图 3-6 所示。

图 3-6 "职工工资"工作表输入结果

（2）按照表 3-2 所示内容输入数据

单位：台

表 3-2 销售量统计表

商品名	第一季	第二季	第三季	第四季
电视机	345	278	126	532
电冰箱	232	452	239	157
洗衣机	154	256	319	225
摄像机	206	550	367	246

【操作方法】

① 打开"销售统计"工作簿，选择 A1，输入"销售量统计表"，在 E1 单元格中输入"单位：台"。

② 在 B2 单元格中输入"第一季"，然后拖动其右下角的填充柄到 E2 单元格，完成 4 个季度的输入。

③ 依次输入商品名称及销售数量，结果如图 3-7 的前 6 行所示。

④ 如果想自动输入上述商品系列名称，选择"文件"选项卡中的"选项"命令，在弹出的"Excel 选项"对话框中选择"高级"→"常规"→"编辑自定义列表"按钮，显示"自定义序列"对话框。

⑤ 单击"从单元格中导入序列"的文本框，在工作表中选择 A3：A6，单击"导入"按钮，即可将商品名称按序导入"输入序列"文本框中，并存储到"自定义序列"，如图 3-8 所示。

⑥ 如果用户再输入"电视机"，拖动填充柄即可自动按顺序填充其他商品名称。见图 3-7 中的第 9 行。

提示：在图 3-8 中也可以查看系统所设置的能够自动填充的数据序列。

图 3-7 "销售量统计表"输入结果

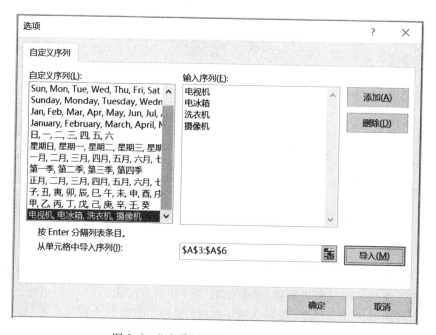

图 3-8 "选项"之"自定义序列"对话框

2. 编辑数据

（1）添加标题行和性别列

为图 3-6 的职工工资表添加标题行和性别列。

【操作方法】

① 右击图 3-6 中第 1 行行号，从快捷菜单中选择"插入"命令，即可插入空白行。

② 单击 A1 单元格，输入"职工工资表"。

③ 选定 C2:C10，选择"开始"→"单元格"组中的"插入"→"插入单元格"命令，在"插入"对

话框中单击"活动单元格右移"单选项。

　　④ 依次输入每个职工的性别,如图 3-9 中的 C 列所示。

(2) 为单元格 A1 命名

【操作方法】

　　① 选定 A1 单元格。

　　② 在编辑栏的名称框中输入"标题",按 Enter 键后即完成命名,如图 3-9 所示。

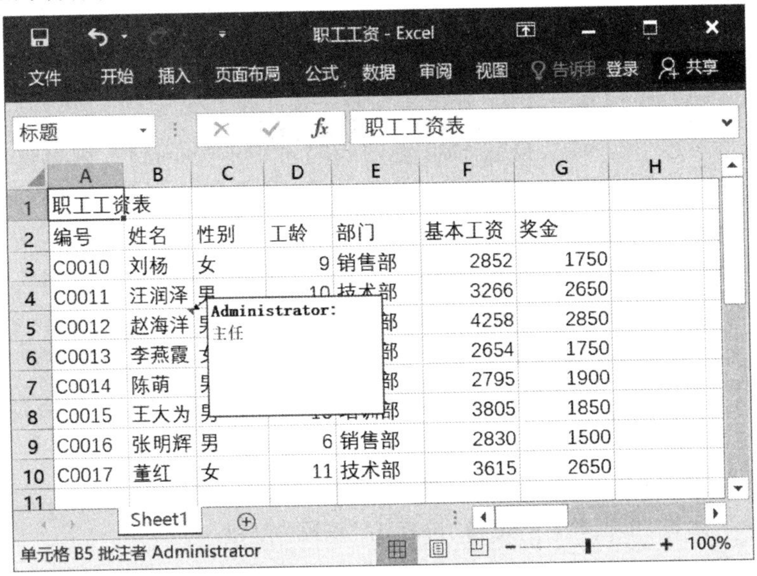

	A	B	C	D	E	F	G	H
1	职工工资表							
2	编号	姓名	性别	工龄	部门	基本工资	奖金	
3	C0010	刘杨	女	9	销售部	2852	1750	
4	C0011	汪润泽	男	10	技术部	3266	2650	
5	C0012	赵海洋	男			4258	2850	
6	C0013	李燕霞	男			2654	1750	
7	C0014	陈萌	男			2795	1900	
8	C0015	王大为	男			3805	1850	
9	C0016	张明辉	男	6	销售部	2830	1500	
10	C0017	董红	女	11	技术部	3615	2650	
11								

Administrator:
主任

职工工资 - Excel

标题　　职工工资表

Sheet1

单元格 B5 批注者 Administrator　　100%

图 3-9　对职工工资表的编辑结果

(3) 为单元格 B5 添加批注

【操作方法】

　　① 右击 B5 单元格,从快捷菜单中选择"插入批注"选项。

　　② 在弹出的批注文本框中输入"主任"。结果如图 3-9 的单元格 B5 所示。

　　如果要修改该批注,右击单元格 B5,从弹出的快捷菜单中选择"编辑批注"选项,则可以在出现的批注文本框中修改。

　　若想删除该批注,右击单元格 B5,从弹出的快捷菜单中选择"删除批注"选项即可。

第 3 节　使用工作表

一、实验目的

　　① 掌握插入和删除工作表的方法。

　　② 掌握复制和移动工作表的方法。

　　③ 学会拆分和冻结工作表窗口。

二、实验内容

1. 工作表的操作

（1）插入及删除工作表

在"职工工资"工作簿中插入单张或 3 张工作表,然后再删除其中的 1 张。

【操作方法】

① 打开"职工工资"工作簿,单击工作表标签"Sheet1"右边的"新工作表"按钮,每次可以插入一张工作表。

② 如果要一次性插入 3 张工作表,在已有 3 张工作表的情况下:

● 单击工作表标签"Sheet1",按住 Shift 键的同时再单击"Sheet3",则可选中连续的 3 张工作表;

● 右击工作表标签,从快捷菜单中选择"插入"命令;

● 在弹出的"插入"对话框中选定"工作表",单击"确定"按钮,可一次插入 3 张工作表。

③ 右击工作表标签"Sheet6",从快捷菜单中选择"删除"命令,则可删除该工作表。

（2）工作表内容的复制和重命名工作表

将工作簿"职工工资"中 Sheet1 的内容复制到 Sheet3 中,并将 Sheet3 重命名为"工资表"。

【操作方法】

① 拖动鼠标指针选择要复制内容的区域 A1:G10,单击"复制"按钮。

② 选择 Sheet3 标签,单击 A1 单元格,再单击"粘贴"按钮。

③ 双击 Sheet3 标签,直接输入工作表名"工资表",然后单击工作表任意处。

（3）将工作表复制到其他工作簿中

将工作簿"职工工资"中的"工资表"复制到名为"职工信息"的工作簿中。

【操作方法】

① 打开前面操作所建立的工作簿"职工信息"。

② 打开工作簿"职工工资",右击"工资表"标签,从快捷菜单中选择"移动或复制"命令,显示"移动或复制工作表"对话框。

③ 单击下拉箭头,选择目标工作簿"职工信息.xlsx",并勾选"建立副本"复选框,如图 3-10 所示。

④ 将"职工信息"中的"工资表"重命名为"基本信息",单击"保存"按钮。

注意:如果在上述操作中没有勾选"建立副本"复选框,则执行的是移动操作。

需要说明的是,如果在同一个工作簿中移动工作表,按住工作表标签直接拖动即可;若在拖动的同时按住 Ctrl 键将执行复制操作。

2. 拆分和冻结工作表窗口

（1）工作表窗口的拆分

将图 3-7 所示的窗口拆分为 4 个窗格。

【操作方法】

① 首先定位拆分点,单击工作表中的任意单元格,如 C4 单元格。

② 选择"视图"选项卡"窗口"组中的"拆分"命令,Excel 将工作表分为 4 个独立的小窗口,

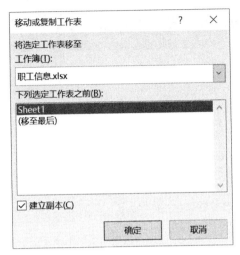

图 3-10　"移动或复制工作表"对话框

拆分效果如图 3-11 所示。可以滚动查看每个小窗口。

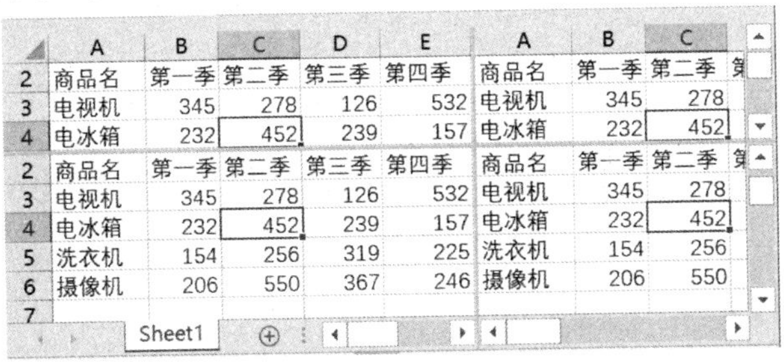

图 3-11　工作表窗口拆分效果

如果要将窗口拆分为上、下或左、右两个窗格,确定拆分点时要选择行号或列标。读者可自行操作。

取消窗口拆分方法:再次单击"窗口"组中的"拆分"按钮,或者直接双击拆分条即可。

(2) 工作表窗口的冻结

将图 3-9 所示窗口的上 2 行和左侧 2 列冻结。

【操作方法】

① 选定单元格 C3,该位置将成为冻结交叉点,冻结线将出现在该单元格的上方和左侧。

② 切换到"视图"选项卡界面,单击"窗口"组中的"冻结窗格"→"冻结窗格"命令,冻结窗口的屏幕情况如图 3-12 所示。

(3) 工作表窗口行或列的冻结

将图 3-9 所示窗口的第 1、2 行冻结。

【操作方法】

① 单击第 3 行行标,冻结线将出现在该行的上方。

② 选择"视图"选项卡,单击"窗口"组中的"冻结窗格"→"冻结拆分窗格"命令,结果如图

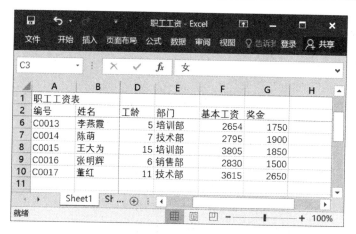

图 3-12 工作表窗口冻结效果图

3-13 所示。这适用于表格数据很长的情况,拖动垂直滚动条可以查看下面的数据。

如果选择列标,可以冻结其左侧列。此时拖动水平滚动条能查看右侧的数据。

(4) 撤销冻结的工作表窗口

撤销对图 3-13 窗口的冻结。

【操作方法】

选择"视图"选项卡,单击"窗口"组中的"冻结窗格"→"取消冻结窗格"命令。

图 3-13 冻结第 1、2 行时的效果图

第 4 节 格式化工作表

一、实验目的

① 掌握单元格格式的设置方法。

② 学会设置行高和列宽。

③ 掌握条件格式的设置方法。

④ 学会使用样式。

二、实验内容

1. 单元格格式的设置

（1）设置对齐方式和字体格式

设置工作簿"职工工资"中"工资表"的对齐方式和字体格式。

【操作方法】

① 打开工作簿"职工工资"，选择"工资表"工作表。

② 选定单元格区域 A1:G1，单击"开始"选项卡，选择"对齐方式"组中的"合并后居中"命令，在"字体"组中单击"下画线"按钮，选择"隶书"字体、"18"号字。

③ 选定 A2:G10，单击"对齐方式"组中的"居中"按钮。

④ 选定行标题区域 A2:G2，单击"字体"组中的"加粗"按钮。

⑤ 选定 B3:B10，单击"对齐方式"组的对话框启动器，在弹出的"设置单元格格式"对话框中选择"对齐"选项卡。

⑥ 打开"水平对齐"下拉列表，选择"分散对齐（缩进）"，如图 3-14 所示。

⑦ 单击"确定"按钮。

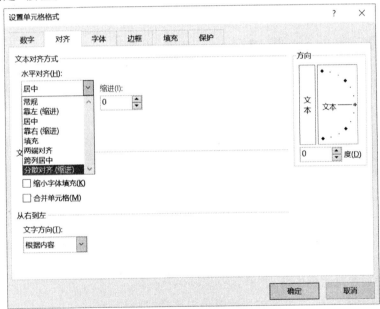

图 3-14 "设置单元格格式"对话框

（2）设置数字格式

设置"工资表"的数字格式。

【操作方法】

① 选定 F3:G10，单击"开始"→"数字"组中的"数字格式"下拉箭头。

② 从出现的"数字格式"下拉列表中选择"货币"样式。

（3）设置单元格的填充色

设置"工资表"单元格的填充颜色。

【操作方法】

① 选定 A2:G2，单击"开始"→"字体"组中的"填充颜色"下拉箭头，选"橙色，个性色 2，淡色 60%"。

② 选定 A3:B10，单击"填充颜色"下拉箭头，选择"灰色-25%，背景 2，深色 10%"，如图3-15 所示。

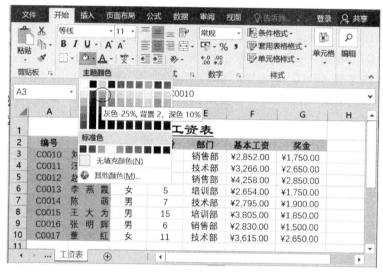

图 3-15　设置单元格填充颜色示意图

（4）设置单元格的行高和列宽

设置"工资表"单元格的行高和列宽。

【操作方法】

① 右击第 1 行行号，从快捷菜单中单击"行高"选项，在对话框中设置行高为"25"。

② 选定 A:E 列，单击"开始"→"单元格"组"格式"下拉箭头，从下拉菜单中选择"列宽"命令。

③ 在弹出的列宽对话框中输入"8"。

④ 选定 F:G 列并右击，在弹出的快捷菜单中选择"列宽"命令。

⑤ 在列宽对话框中输入"12"。

（5）设置单元格的边框线

设置"工资表"单元格的边框线。

【操作方法】

① 选定 A2:G10 区域，在"开始"→"单元格"组中，单击"格式"中的"设置单元格格式"，在弹出的"设置单元格格式"对话框中选择"边框"选项卡，如图 3-16 所示。

② 在"线条""样式"区中选细点画线，在"预置"区选"内部"。

③ 在"线条""样式"区中选细实线，在"预置"区选"外边框"。

④ 单击"确定"按钮。

格式化后的工作表如图 3-17 所示。

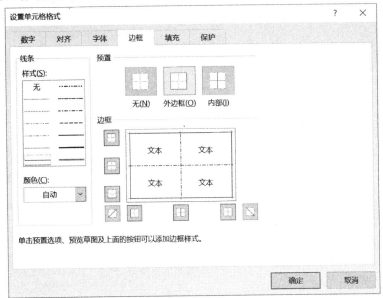

图 3-16　"设置单元格格式"对话框

图 3-17　"工资表"格式化后的效果图

2. 设置条件格式

（1）按照"突出显示单元格规则"设置条件格式

对"工资表"设置条件格式,当基本工资低于 2 800 元时用浅红色填充显示。

【操作方法】

① 选择基本工资数额区域 F3:F10。

② 在"开始"选项卡界面,单击"样式"组中的"条件格式"→"突出显示单元格规则"→"小于"命令,如图 3-18 所示。

③ 在弹出的"小于"对话框中输入"￥2,800.00",在"设置为"文本框中选择"浅红色填充",如图 3-19 所示。

设置效果如图 3-20 中的 F6：F7所示。

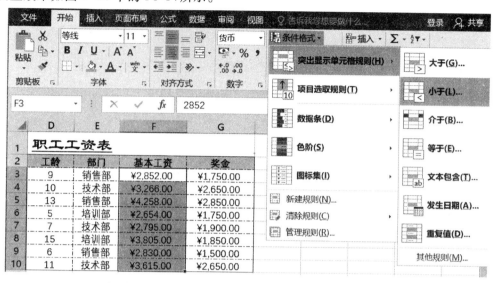

图 3-18 "突出显示单元格规则"命令

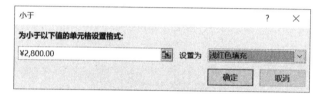

图 3-19 "小于"对话框

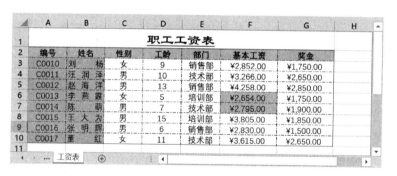

图 3-20 基本工资低于 2 800 元时的显示效果

（2）按照"项目选取规则"设置条件格式

根据图 3-20 所示的名为"工资表"的工作表数据，为基本工资高于平均值的单元格设置条件格式。要求字形加粗倾斜，背景颜色选 RGB 模式，"红色：240，绿色：240，蓝色：150"。

【操作方法】

① 选择基本工资数额区域 F3：F10。

② 在"开始"选项卡界面，单击"样式"组中的"条件格式"→"项目选取规则"→"高于平均

值"命令,如图 3-21 所示。

③ 在弹出的"高于平均值"对话框中单击下拉箭头,选择"自定义格式",显示"设置单元格格式"对话框。

④ 将"字体"选项卡中的"字形"设置为"倾斜","颜色"选择标准色"深蓝"。

⑤ 单击"填充"选项卡,在"背景色"区单击"其他颜色"按钮,显示"颜色"对话框。

⑥ 选择"自定义","颜色模式"选"RGB",设置"红色:240,绿色:240,蓝色:150",如图 3-22 所示。

设置效果如图 3-23 所示。

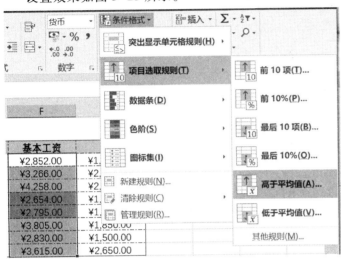

图 3-21　"项目选取规则"命令

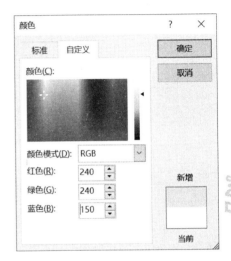

图 3-22　"颜色"对话框

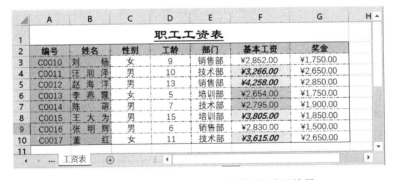

图 3-23　基本工资"高于平均值"的设置效果

(3) 应用"管理规则"设置条件格式

对名为"工资表"的工作表设置条件格式,当奖金高于 2 800 元时用蓝色倾斜字体显示,当奖金少于或等于 1 750 元时用红色加粗字体显示。

【操作方法】

① 选择奖金数额区域 G3:G10。

② 在"开始"选项卡界面,单击"样式"组中的"条件格式"→"管理规则"命令,显示"条件格

式规则管理器"对话框。

③ 单击"新建规则"按钮,在弹出的"新建格式规则"对话框中选择规则类型"只为包含以下内容的单元格设置格式",输入设置的条件,如图 3-24 所示。

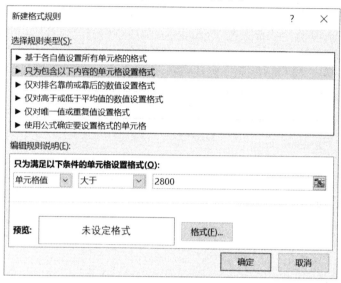

图 3-24 "新建格式规则"对话框

④ 单击图中"格式"按钮,弹出"设置单元格格式"对话框,选择"字体"选项卡,字体颜色设置为"蓝色",字形"倾斜"。单击"确定"后回到"新建格式规则"对话框,再单击"确定"后回到"条件格式规则管理器"对话框。

⑤ 单击"新建规则"按钮,按照上述方法设置第 2 个条件格式,即奖金数值低于或等于 1 750 时的显示格式。设置后的"条件格式规则管理器"对话框如图 3-25 所示。

⑥ 如果对所设置的规则不满意,可以单击"编辑规则"按钮重新设置。

条件格式设置后的效果如图 3-26 所示。

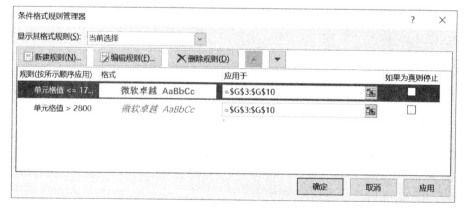

图 3-25 "条件格式规则管理器"对话框

	A	B	C	D	E	F	G	H
2	编号	姓名	性别	工龄	部门	基本工资	奖金	
3	C0010	刘　杨	女	9	销售部	¥2,852.00	¥1,750.00	
4	C0011	汪润泽	男	10	技术部	¥3,266.00	¥2,650.00	
5	C0012	赵海洋	男	13	销售部	¥4,258.00	¥2,850.00	
6	C0013	李燕霞	女	5	培训部	¥2,654.00	¥1,750.00	
7	C0014	陈　萌	男	7	技术部	¥2,795.00	¥1,900.00	
8	C0015	王大为	男	15	培训部	¥3,805.00	¥1,850.00	
9	C0016	张明辉	男	6	销售部	¥2,830.00	¥1,500.00	
10	C0017	董　红	女	11	技术部	¥3,615.00	¥2,650.00	
11								

图 3-26　奖金条件格式设置结果

（4）用"图标集"显示数据大小

对图 3-7 的"销售量统计表"工作表设置条件格式，用"图标集"显示销售量的大小。

【操作方法】

① 选择销售量数据区 B3：E6。

② 在"开始"选项卡界面，单击"样式"组中的"条件格式"→"图标集"命令，显示"图标集"
列表。

③ 在"图标集"列表中的方向区选择"五向箭头（彩色）"，如图 3-27 右侧所示。

设置效果如图 3-27 左侧数据区。

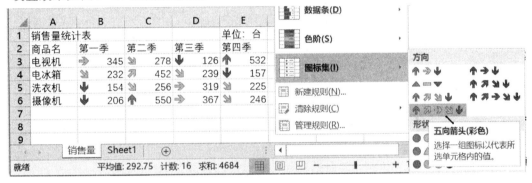

图 3-27　用"图标集"显示数据大小

3. 使用样式

（1）单元格样式的建立

下面以对图 3-27 的"销售量统计表"工作表标题样式的设置为例说明单元格样式的建立方法。

【操作方法】

① 选择 A1，单击"开始"→"样式"组中的"单元格样式"→"新建单元格样式"命令，弹出"样
式"对话框。在"样式名"文本框中输入"表标题"，如图 3-28 所示。

② 单击"格式"按钮，弹出如图 3-16 所示的"设置单元格格式"对话框。

③ 在"设置单元格格式"对话框中，单击"对齐"选项卡，将水平对齐和垂直对齐均设置为
"居中"；单击"字体"选项卡，选择"华文隶书"，字号"14"，颜色选"深蓝"；单击"边框"选项卡，
直线、样式选"双线"，边框选"下边框"；单击"填充"选项卡，背景色选"橙色"（即颜色块最后一
行第 3 个），如图 3-28 所示。

④ 单击"确定"按钮，即建立了一种标题样式。

（2）单元格样式的使用

【操作方法】

① 右击图 3-27 第 2 行行号，插入一个空白行，将 E1 单元格内容移至 E2 中。

② 选择 A1：E1，单击"开始"→"样式"组中的"单元格样式"，选择"表标题"应用该标题样式。

③ 单击"对齐方式"组中的"合并后居中"按钮，效果如图 3-29 的 A1：E1 所示。

（3）单元格样式的修改

【操作方法】

① 选择"开始"→"样式"组中的"单元格样式"，右击"表标题"，从快捷菜单中选择"修改"，如图 3-29 所示。

② 在出现的如图 3-28 所示的"样式"对话框中单击"格式"。

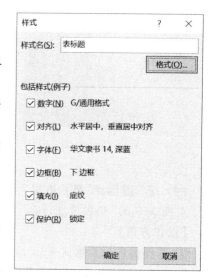

图 3-28 "样式"对话框

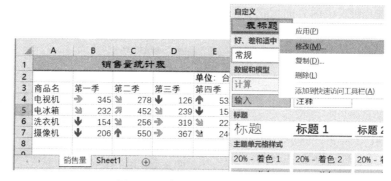

图 3-29 标题样式应用效果图

③ 在弹出的"设置单元格格式"对话框中按需要进行修改。

4. 自动套用格式

对图 3-29 名为"销售量"的工作表自动套用"表样式中等深浅 2"表格格式。

【操作方法】

① 选择要套用格式的区域 A3：E7。

② 选择"样式"组中的"套用表格格式"命令，在出现的表样式菜单中选择"表样式中等深浅 2"，如图 3-30 右侧所示。设置效果见该图左侧所示。

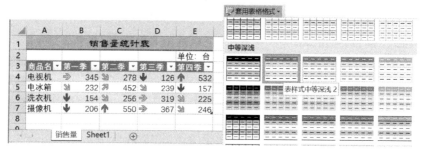

图 3-30 自动套用表格格式示意及效果图

第 5 节　使用公式与函数

一、实验目的

① 掌握公式的输入方法。

② 掌握公式的复制方法。

③ 掌握函数的使用方法。

二、实验内容

1. 输入公式

（1）用公式进行计算

以图 3-9 的数据为基础，用公式计算每位职工的应发工资、会费和实发工资。（提示：会费按基本工资的 5‰缴纳。）

【操作方法】

① 打开"职工工资"工作簿，单击"Sheet1"工作表。

② 选择区域 H2：J2，分别输入行标题：应发工资、会费和实发工资。

③ 单击 H3，输入" =F3+G3"，单击输入按钮或按 Enter 键，计算出职工刘杨的应发工资。

④ 单击 I3，输入" =F3 * 0.5%"，按 Enter 键，计算出职工刘杨应缴纳的会费。

⑤ 单击 J3，输入" =H3-I3"，按 Enter 键，计算出职工刘杨的实发工资。

⑥ 选定 H3：J3，拖动其右下角的填充柄到 H10：J10，即完成了上述 3 个公式的复制。

用公式计算的结果如图 3-31 所示。

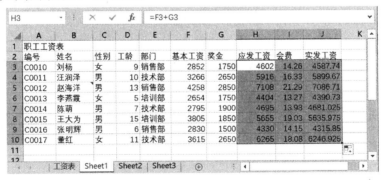

图 3-31　用公式计算的结果

（2）用公式进行条件判断

用公式找出图 3-31 中会费高于 15 元的职工。

【操作方法】

① 单击 K3 单元格，输入" =I3>15"，单击"输入"按钮。

② 拖动填充柄复制该单元格公式到 K10。会费高于 15 元为真，显示"TRUE"；否则为假，显

示"FALSE"。

2. 使用"求和"按钮

(1)利用"求和"按钮进行统计

以图 3-29 的数据为基础,利用"求和"按钮求各季度销量总和与每种商品销量和。

【操作方法】

① 选择单元格区域 B4:F8,如图 3-32 所示。

② 选择"开始"选项卡,单击"开始"→"编辑"组中的"求和"按钮,即可同时求出如图 3-32 所示的"总计"与"合计"的值。

图 3-32　"求和"按钮的应用

(2)利用"求和"按钮求平均值

利用"求和"按钮求每种商品的季度销量平均值。

【操作方法】

① 选择 G4 单元格,单击"求和"按钮右边的下拉箭头。

② 从弹出的菜单中选择"平均值"项。

③ 修改求平均值区域为 B4:E4,如图 3-33 所示。单击"确定"按钮完成计算。

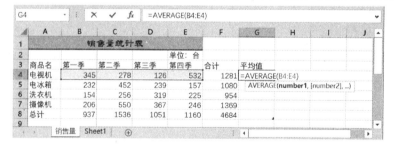

图 3-33　利用"求和"按钮计算平均值

3. 使用函数

(1)利用函数求和、最大值和最小值

以图 3-29 的数据为基础,利用函数求各季度销量总和、每种商品销量的最大值和最小值。

【操作方法】

① 选择 B8 单元格,输入“=”号,单击名称框右边的下拉箭头,选择 SUM 函数。

② 在弹出的函数参数对话框中输入求和范围“B4：B7”,其他季度的销量总和可通过横向拖动 B8 单元格右下角的填充柄复制公式来完成。

③ 选择 F4 单元格,单击“插入函数”按钮,在“常用函数”类别中选择“MAX”函数,默认求最大值区域为 B4：E4,单击“确定”按钮,其他商品最大值可通过填充柄填充。

④ 选择 G4 单元格,单击“插入函数”按钮,在“统计”类别中选择“MIN”函数,修改最小值计算区域为 B4：E4,单击“确定”按钮,其他商品最小值可通过填充柄填充。

根据需求删除 F8：G8 中的数值,计算结果如图 3-34 所示。

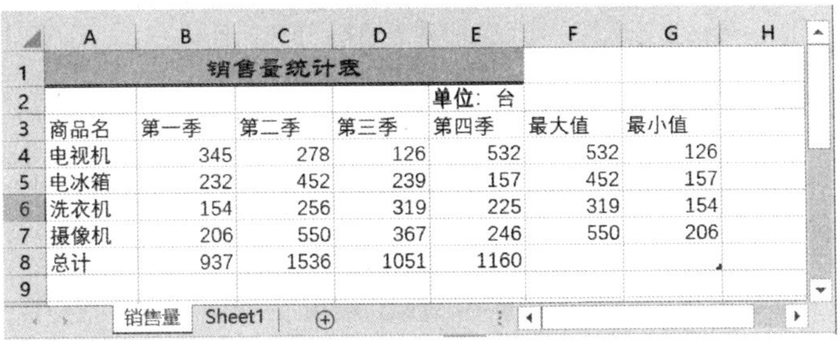

	A	B	C	D	E	F	G	H
1	销售量统计表							
2					单位：台			
3	商品名	第一季	第二季	第三季	第四季	最大值	最小值	
4	电视机	345	278	126	532	532	126	
5	电冰箱	232	452	239	157	452	157	
6	洗衣机	154	256	319	225	319	154	
7	摄像机	206	550	367	246	550	206	
8	总计	937	1536	1051	1160			
9								

图 3-34　用函数求和、最大值和最小值的计算结果图

(2) 用输入函数法计算百分比

以图 3-34 的数据为基础,用输入函数法计算每种商品销量占总销量的百分比,并对数据的小数部分第 5 位采用四舍五入的方式处理。

【操作方法】

① 选择 H4 单元格,输入“=ROUND(SUM(B4：E4)/SUM($B$8：$E$8),4)”,单击“输入”按钮。

② 拖动 H4 单元格的填充柄复制公式到 H7。

③ 单击“数字”组中的“百分比样式”按钮,单击“增加小数位数”按钮 2 次。

计算结果如图 3-35 所示。

	A	B	C	D	E	F	G	H	I
1	销售量统计表								
2					单位：台				
3	商品名	第一季	第二季	第三季	第四季	最大值	最小值	百分比	
4	电视机	345	278	126	532	532	126	27.35%	
5	电冰箱	232	452	239	157	452	157	23.06%	
6	洗衣机	154	256	319	225	319	154	20.37%	
7	摄像机	206	550	367	246	550	206	29.23%	
8	总计	937	1536	1051	1160				
9									

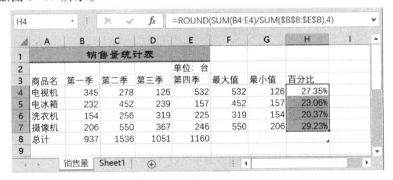

图 3-35　用输入函数法计算百分比

(3) 利用 SUMIF 函数进行条件求和

以图 3-17 的"工资表"数据为基础,利用 SUMIF 函数计算工龄满 10 年职工的奖金和,并将结果存放在 F12 单元格中。

【操作方法】

① 选择 F12 单元格,单击"插入函数"按钮,显示"插入函数"对话框。

② 在常用函数中选择"SUMIF"函数,如果没有则在"全部"函数类别中选择"SUMIF"。

③ 按图 3-36 所示输入函数参数,单击"确定"按钮。计算结果如图 3-37 所示。

提示:输入单元格区域时使用折叠对话框按钮(即"切换"按钮),使操作非常方便。

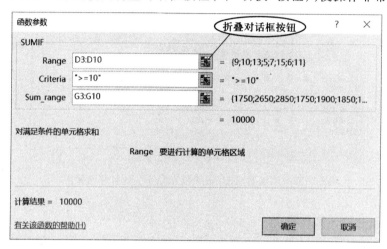

图 3-36　SUMIF 函数参数设置对话框

图 3-37　条件求和函数计算结果

(4) 利用函数进行部门数据统计

以图 3-17 的"工资表"数据为基础,用函数统计销售部的职工人数、基本工资之和以及基本工资平均值,工资计算结果保留 2 位小数,并将结果分别存放在 J3、J6 和 J9 中。

【操作方法】

① 选择 J3 单元格,单击"插入函数"按钮,在"统计"函数类别中选择"COUNTIF"。

② 在弹出的"函数参数"对话框中输入要统计的区域和条件,如图 3-38 所示,单击"确定"

按钮。

③ 选择 J6 单元格，输入"="，单击名称框右边的下拉箭头，选择 SUMIF 函数。

④ 在弹出的对话框中输入函数参数：在"Range"中输入"E3：E10"，"Criteria"中输入"销售部"，"Sum_range"中输入"F3：F10"，此时计算出符合条件职工的基本工资之和。

⑤ 选择 J9 单元格，输入"=ROUND(J6/J3,2)"，单击"输入"按钮。

统计结果如图 3-39 所示。

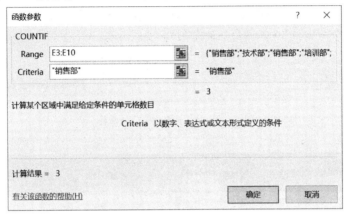

图 3-38 COUNTIF 函数参数设置对话框

图 3-39 销售部职工人数、基本工资之和以及基本工资平均值统计结果

（5）利用 IF 函数计算职工是否满足缴税条件

以图 3-31 的实发工资数据为基础，利用 IF 函数计算职工是否需要缴税，当实发工资高于5 000 元时用"需缴税"字样显示，否则不显示任何信息。

【操作方法】

① 选择 L3 单元格，单击"公式"选项卡"函数库"组中的"插入函数"按钮。

② 在"逻辑"类别中选择 IF 函数，显示"函数参数"对话框。

③ 按图 3-40 所示样式设置 IF 函数参数（图中引号均为西文双引号""）。

④ 单击"确定"按钮，拖动填充柄到 L10 单元格，计算结果如图 3-41 所示。

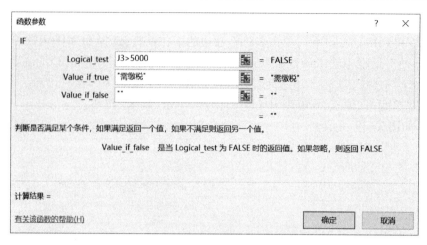

图 3-40　IF"函数参数"对话框

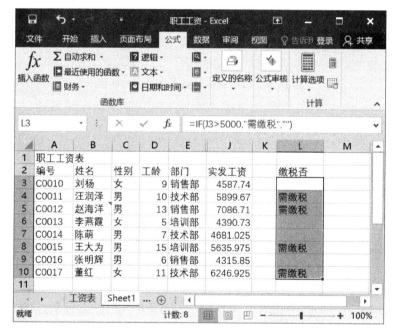

图 3-41　应用 IF 函数计算的结果

第 6 节　图表的制作

一、实验目的

① 掌握创建图表的方法。

② 掌握图表的编辑操作。

③ 掌握图表的格式化操作。

二、实验内容

1. 创建图表

(1) 创建嵌入式图表

以图 3-29 的数据为基础创建嵌入式簇状柱形图表,比较电视机和洗衣机 4 个季度的销量情况,图表标题为"销量比较图",添加横、纵坐标轴标题,加图例,并将图表放在数据区的右侧。

【操作方法】

① 选定 A4：E4,按住 Ctrl 键再选择 A6：E6 单元格区域。

② 单击"插入"选项卡"图表"组中的"插入柱形图或条形图"下拉箭头,在下拉列表中选择二维"簇状柱形图"子图表类型,完成图表的初步建立。

③ 在"图表工具 l 设计"选项卡界面,单击"图表布局"组中的"快速布局"下拉箭头,选择"布局 9"。

④ 在图表标题处输入"销量比较图",设置字体为"宋体",字号为"12"。

⑤ 在水平轴标题文本框中输入"季度",在垂直轴标题文本框中输入"台"。

⑥ 右击垂直轴标题,从快捷菜单中选择"设置坐标轴标题格式"命令,打开"设置坐标轴标题格式"任务窗格,单击"大小与属性"按钮,文字方向选择"竖排",如图 3-42 右侧所示。

调整、移动图表到合适的大小和位置,如图 3-42 所示。

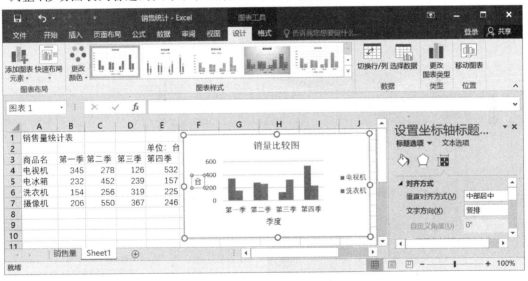

图 3-42　嵌入式簇状柱形图表

(2) 创建独立图表

以图 3-29 的数据为基础创建独立图表,用分离型三维饼图比较电视机季度销量占全年销量的百分比,结果保留两位小数。图表标题为"电视机销量比较图",不加图例。

【操作方法】

① 选择图表数据源 A4：E4。

② 选择"插入"选项卡,单击"图表"组中的"插入饼图或圆环图"下拉箭头,选择"三维饼图",完成图表的初步建立。

③ 单击"图表工具|设计"选项卡,在"位置"组中选择"移动图表",在"移动图表"对话框中,选择"新工作表"单选按钮,可创建独立图表 Chart1。

④ 单击"图表元素"按钮,勾选"图表标题"和"数据标签"复选框,取消"图例"复选框。输入图表标题"电视机销量比较图",字号设置为"36"。

⑤ 选择"图表工具|格式"选项卡,单击"当前所选内容"组中的"设置所选内容格式"按钮,打开"设置图表区格式"任务窗格。

⑥ 选择数据标签,任务窗格变为"设置数据标签格式",单击其"标签选项"按钮,选择"数字""类别"为"百分比","小数位数"为"2",字号设置为"24";"标签位置"选"数据标签外"。如图 3-43 所示。

⑦ 选择图表系列,任务窗格变为"设置数据系列格式",单击其"效果"按钮,选择"三维格式";单击"系列选项"按钮,选择"饼图分离程度"为"5%"。

所创建的独立图表如图 3-44 所示。

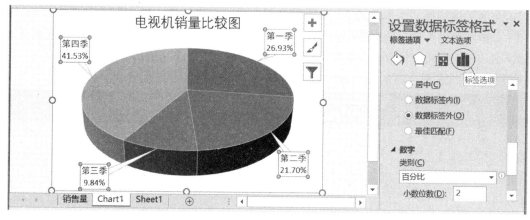

图 3-43　独立图表与"设置数据标签格式"任务窗格

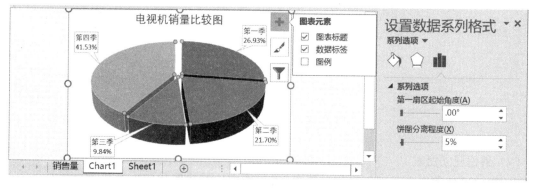

图 3-44　创建的独立图表与"设置数据系列格式"任务窗格

2. 编辑图表

（1）更改图表类型

将图 3-42 的簇状柱形图表更改为带数据标记的折线图表。

【操作方法】

① 单击图表,选择"图表工具|设计"选项卡,单击"类型"组中的"更改图表类型"按钮。

② 在出现的"更改图表类型"对话框中选择"折线图"及"带数据标记的折线图"子图表类型,单击"确定"按钮回到"图表工具|设计"选项卡界面。

③ 在"图表样式"组中含有十几种预设样式可供选择,选其中一种如"样式 11"。

④ 删除水平坐标轴标题"季度"。结果如图 3-45 所示。

（2）编辑图表数据系列

在图 3-45 的基础上添加"电冰箱"和"摄像机"数据系列,取消"电视机"数据系列的显示,将"电冰箱"系列移动到"洗衣机"前,并为"摄像机"系列添加显示值。

图 3-45　带数据标记的折线图

【操作方法】

① 选择"电冰箱"和"摄像机"数据区"A5：E5,A7：E7",单击"复制"按钮。

② 选择图表区,单击"粘贴"按钮。

③ 单击图表区,选择其右侧的"图表筛选器"浮动按钮,单击"选择数据源"命令,打开"选择数据源"对话框。

④ 在"图例项（系列）"列表框中取消勾选"电视机"复选框,再选择"电冰箱",然后单击"上移"箭头即可将"电冰箱"数据系列移到前面,如图 3-46 所示。

⑤ 单击"摄像机"数据系列,打开"图表元素"下拉列表框,勾选"数据标签"复选框,如图 3-47 右侧所示。

修改数据源后的图表如图 3-47 中部所示。

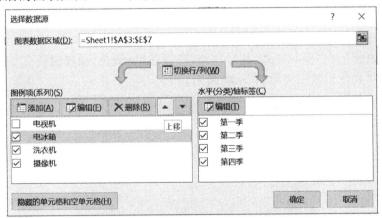

图 3-46　"选择数据源"对话框

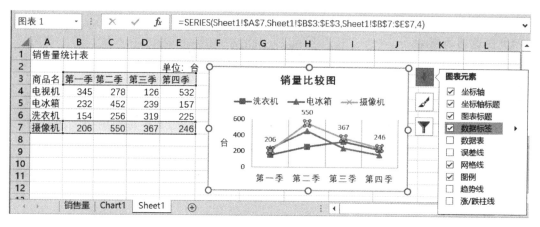

图 3-47　修改数据源后的显示结果

3. 格式化图表

（1）在图表区添加文字

对图 3-47 中的图表添加文字，将图例放到右侧，并设置文字格式。

【操作方法】

① 选择图表标题，将标题文字改为"三种商品销量统计图表"，并设置为"华文彩云"字体，"14 号"字。

② 在"图表工具|设计"选项卡界面，单击"图表布局"组中的"快速布局"下拉箭头，选择"布局 1"。

③ 选择"插入"选项卡，单击"文本"→"文本框"→"横排文本框"命令，在相应位置拖动形成文本框后添加"图例"二字，并设置为"华文隶书"，"14 号"字。

（2）为图表填充颜色

为图 3-47 中图表的绘图区和图表区填充颜色。

【操作方法】

① 单击图表"绘图区"，切换到"图表工具|格式"选项卡。

② 在"形状样式"组中选择"形状填充"→"纹理"→"蓝色面巾纸"。

③ 单击"图表区"，在"形状样式"组中选择"细微效果-橙色，强调颜色 2"。

按上述步骤格式化后的图表如图 3-48 所示。

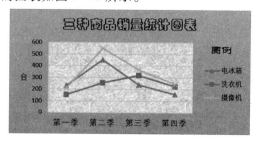

图 3-48　格式化后的图表

第 7 节　数据清单的操作

一、实验目的

① 掌握数据清单的排序和筛选方法。

② 掌握数据清单的分类汇总方法。

③ 掌握数据透视表的建立及操作。

④ 学习数据合并的方法。

二、实验内容

1. 建立数据清单

打开"职工信息"工作簿,选择"基本信息"工作表,右击第 2 行行号,从快捷菜单中选择"插入"命令,图 3-49 的 A3∶G11 单元格区域即为数据清单。数据清单与其他数据间应至少留出一列或一行空白单元格。

	A	B	C	D	E	F	G	H
1	职工工资表							
2								
3	编号	姓名	性别	工龄	部门	基本工资	奖金	
4	C0010	刘杨	女	9	销售部	2852	1750	
5	C0011	汪润泽	男	10	技术部	3266	2650	
6	C0012	赵海洋	男	13	销售部	4258	2850	
7	C0013	李燕霞	女	5	培训部	2654	1750	
8	C0014	陈萌	男	7	技术部	2795	1900	
9	C0015	王大为	男	15	培训部	3805	1850	
10	C0016	张明辉	男	6	销售部	2830	1500	
11	C0017	董红	女	11	技术部	3615	2650	
12								

基本信息　Sheet1

图 3-49　"基本信息"数据清单

2. 数据排序

按性别(女职工在前)及奖金升序排序,将排序结果保存到"排序"工作表中。

【操作方法】

① 复制"基本信息"工作表,重命名为"排序"。

② 单击数据清单中的任一单元格,单击"编辑"组中的"排序和筛选"下拉箭头,选择"自定义排序"命令,显示"排序"对话框。

③ 在"排序"对话框的"主要关键字"文本框中选"性别",以"降序"排列。

④ 单击"添加条件"按钮,在"次要关键字"文本框中选"奖金",以"升序"排列。

⑤ 单击"确定"按钮。

排序设置对话框如图 3-50 所示,排序结果如图 3-51 所示。

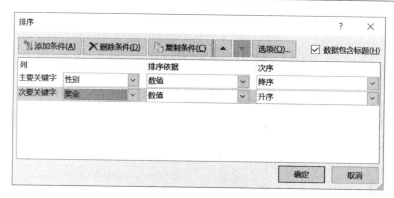

图 3-50 "排序"对话框

图 3-51 排序结果

3. 数据筛选

（1）自动筛选

用自动筛选的方法找出图 3-49 的"基本信息"工作表中奖金数值大于或等于 1 850 元且小于 1 950 元的男职工的记录。

【操作方法】

① 单击"基本信息"数据清单中的任一单元格,选择"开始"→"编辑"→"排序和筛选"中的"筛选"命令。

② 单击"性别"旁的筛选箭头,勾选"男"选项。

③ 单击"奖金"旁的筛选箭头,选择"数字筛选"→"自定义筛选"命令,显示"自定义自动筛选方式"对话框;按图 3-52 所示设置筛选条件,单击"确定"按钮。

筛选结果如图 3-53 所示。在状态栏中也显示了找到两条符合条件的记录。

如果要恢复显示原数据清单的所有记录,可以单击"编辑"→"排序和筛选"按钮,再次选择"筛选"命令。

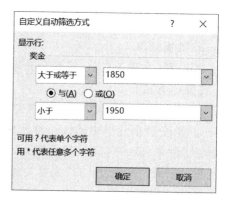

图 3-52 "自定义自动
筛选方式"对话框

图 3-53　自动筛选结果

（2）高级筛选

对图 3-49 的"基本信息"工作表进行高级筛选，要求满足如下两个条件之一：条件 1 为奖金数值大于 1 850 元且小于 1 950 元的男职工；条件 2 为基本工资数值大于 3 000 元的女职工。高级筛选条件设置在 I4 开始位置，筛选结果显示在 A13 开始位置。

【操作方法】

① 复制"基本信息"工作表，重命名为"筛选"；并在 I4：L6 区域建立如图 3-54 所示的高级筛选条件。

② 单击数据清单中的任一单元格，选择"数据"选项卡"排序和筛选"组中的"高级"命令，弹出"高级筛选"对话框。

③ 在"高级筛选"对话框中设置高级筛选方式，如图 3-55 所示。

④ 单击"确定"按钮。

筛选结果如图 3-54 的 A13：G15 单元格区域所示。

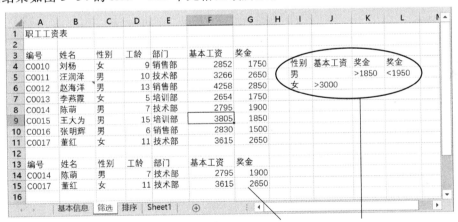

图 3-54　建立高级筛选条件及高级筛选结果

4. 分类汇总

按性别分别求出男、女职工基本工资和奖金的平均值，结果保留 2 位小数，并统计男、女职工的人数。

【操作方法】

① 复制"基本信息"工作表,命名为"分类汇总"。

② 单击性别列的任意单元格,选择"开始"→"编辑"→"排序与筛选"中的"升序"命令,按照性别字段进行分类。

③ 单击数据清单中的任一单元格,选择"数据"选项卡中的"分级显示"→"分类汇总"命令,弹出"分类汇总"对话框。

④ 在"分类汇总"对话框中设置各选项:"分类字段"选"性别","汇总方式"选"平均值",在"选定汇总项"栏中勾选"基本工资"和"奖金"复选框,如图 3-56 所示,单击"确定"按钮完成第一次汇总。

⑤ 再次单击"分类汇总"按钮,按图 3-57 所示样式设置"分类汇总"对话框中的选择条件,单击"确定"按钮完成第二次汇总。

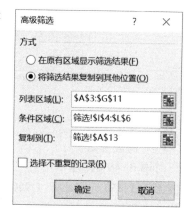

图 3-55 "高级筛选"对话框

⑥ 在 3-58 所示的图中选择 F10:G10、F15:G15 和 F17:G17,将计算结果平均值的小数位数设置为 2。

汇总后,将 C10 单元格中的"男 平均值"移动到 E10 单元格中,否则总计数可能会出现错误的统计结果。调整后的分类汇总结果如图 3-58 所示。

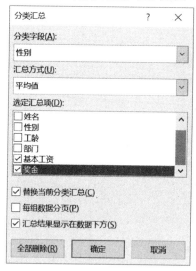

图 3-56 按性别求平均值设置条件

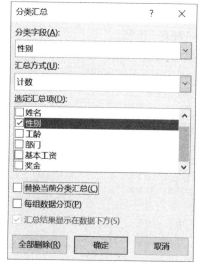

图 3-57 按性别统计人数设置条件

5. 建立数据透视表

（1）数据透视表计数方式的统计

以"基本信息"工作表中的数据为基础建立数据透视表,按部门分别统计男、女职工的人数。

【操作方法】

① 单击数据清单中的任一单元格,选择"插入"选项卡中的"表格"→"数据透视表"命令,弹出"创建数据透视表"对话框。

② 在"创建数据透视表"对话框中选定数据源区域,此处默认其选择区域为"$A$3:$G$11";

图 3-58　分类汇总结果

选择存放数据透视表的工作表名和起始位置,如 Sheet1!　$B$3,如图 3-59 所示。

③ 单击"确定"按钮后,显示"数据透视表字段"任务窗格,右击"部门"字段,从弹出的快捷菜单中选择"添加到行标签",如图 3-60 所示。

④ 用相同的方法在"性别"字段分别选择"添加到列标签"和"添加到值"。

统计结果和字段设置情况如图 3-61 所示。

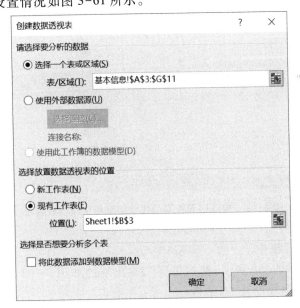

图 3-59　"创建数据透视表"对话框

(2) 数据透视表汇总方式的修改

修改图 3-61 的数据透视表汇总方式,按部门分别统计男女职工基本工资的平均值。

【操作方法】

① 将鼠标指针移动到"Σ 值"框中的"计数项:性别",按住鼠标左键将其拖出,再将"基本

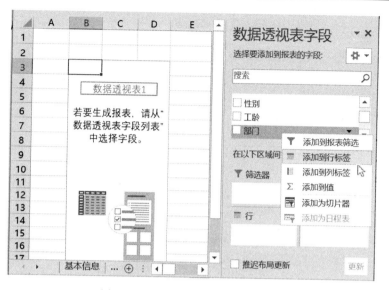

图 3-60　设置数据透视表页面窗口

图 3-61　按部门和性别的统计结果和字段设置情况

工资"字段拖动到"Σ 值"框中。

② 单击"Σ 值"框中的"求和项:基本工资",在出现的如图 3-62 所示的快捷菜单中选择"值字段设置",弹出"值字段设置"对话框。

③ 在"值字段设置"对话框中选择"平均值"项,如图 3-63 所示。单击"数字格式"按钮,设置"小数位数"为"2"。

④ 单击"数据透视表工具|设计"选项卡,选择"数据透视表样式浅色 23"。

统计结果如图 3-64 所示。图中"数据透视表字段"任务窗格中的字段节和区域节选择了并排的显示方式。

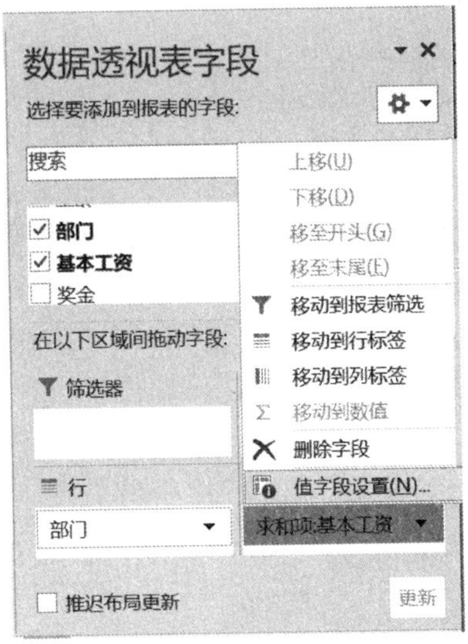

图 3-62　"值字段设置" 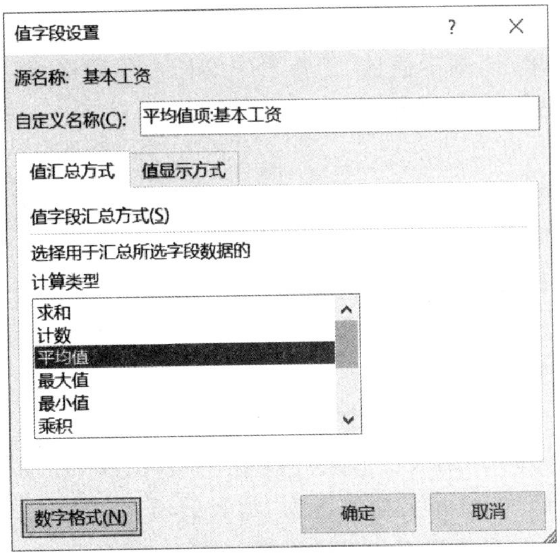　　　　　　　　图 3-63　"值字段设置"对话框

图 3-64　按"部门"和"性别"统计基本工资平均值

（3）设置数据透视表不同的汇总方式

以"基本信息"数据为依据建立数据透视表,按性别分别统计奖金的平均值和最大值。将分类字段"性别"置于行,计算结果均保留 2 位小数。

【操作方法】

① 单击"基本信息"工作表中的任一单元格,切换到"插入"选项卡,单击"表格"组中的"数据透视表"按钮,弹出"创建数据透视表"对话框。选择"新工作表"项作为存放数据透视表的位置。

② 在"数据透视表字段"任务窗格中,将"性别"字段拖放到行标签区;将"奖金"字段拖放到"Σ 值"框中 2 次。

③ 单击"Σ 值"框中的"求和项:奖金",从快捷菜单中选"值字段设置"命令,在"值字段设置"对话框中选"平均值"项。单击"数字格式"按钮,在"设置单元格格式"对话框中选择"数值"类型,并设置"小数位数"为"2"。

④ 单击"Σ 值"框中的"求和项:奖金 2",选择"值字段设置",弹出"值字段设置"对话框。在对话框中选"最大值"项,并设置"小数位数"为"2"。

⑤ 修改 C3 单元格内容为"最大值项:奖金"。

所建数据透视表和字段设置如图 3-65 所示。

图 3-65 分类字段位于行的显示结果和字段设置图

如果将"性别"字段移动到列标签处,建立的数据透视表则可以按列来显示统计结果,图 3-66 是设置了"数据透视表样式深色 2"后的统计情况。

图 3-66 分类字段位于列的显示结果和字段设置图

6. 数据合并

（1）按位置合并计算

新建"一分店销售"和"二分店销售"两个工作簿,并分别新建"一分店"和"二分店"两个工作表,分别存放一分店和二分店的商品销售情况,如图 3-67 所示。要求统计两个分店 4 种商品在每个季度的销量总和,并将结果存放在"一分店销售"工作簿"合计销售"工作表中的相应位置。

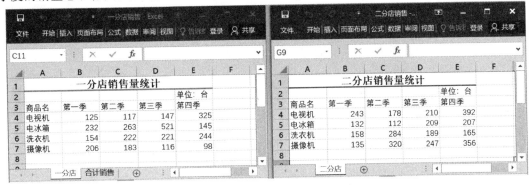

图 3-67 "一分店"和"二分店"工作表数据

【操作方法】

① 建立"合计销售"数据清单,其字段名和商品名与图 3-67 一致。

② 选定用于存放合并计算结果的单元格区域 B4:E7,如图 3-68 所示。

③ 选择"数据"→"数据工具"→"合并计算"命令,弹出"合并计算"对话框。

④ 在"合并计算"对话框的"函数"下拉列表框中选择"求和",单击"引用位置"输入框右边的折叠对话框按钮(即切换按钮),选取"一分店"工作表的 B4:E7 单元格区域,如图 3-69 所示。

⑤ 单击"添加"按钮,在引用位置输入"[二分店销售.xlsx]二分店!$B$4:$E$7"。在"标签位置"区勾选"创建指向源数据的链接"复选框,如图 3-70 所示。

⑥ 单击"确定"按钮。

计算结果如图 3-71 所示。合并计算结果是以分类汇总形式显示的,单击左侧的"+",可以显示源数据信息。

图 3-68 选定合并计算后的工作表数据区域

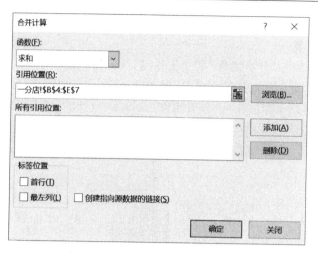

图 3-69 "合并计算"对话框之一

图 3-70 "合并计算"对话框之二

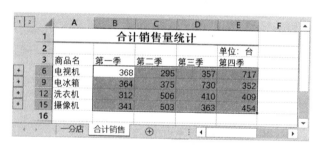

图 3-71 按位置合并计算结果

（2）按分类合并计算

如果一分店销售情况不变，三分店只销售电冰箱和洗衣机，销售情况如图 3-72 所示，试统计两个分店商品在各季度的销量总和。

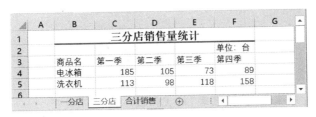

图 3-72　"三分店"工作表数据

【操作方法】

① 按照图 3-68 中 A3∶E7 单元格内容在"合计销售"工作表的 B20∶F24 区域建立数据清单。

② 在"合计销售"工作表中选定用于存放合并计算结果的单元格区域 B21∶F24。

③ 选择"数据"→"数据工具"→"合并计算"命令,弹出"合并计算"对话框。

④ 在对话框中的"函数"下拉列表框中选择"求和",单击"引用位置"右边的折叠对话框按钮,选取"一分店"的 A4∶E7 单元格区域,参见图 3-69 所示。

⑤ 单击"添加"按钮,再次打开"合并计算"对话框,在"引用位置"框输入"三分店!$B$4∶$F$5";在"标签位置"区勾选"最左列"复选框,如图 3-73 所示。

⑥ 单击"确定"按钮。

按分类合并计算结果如图 3-74 所示。

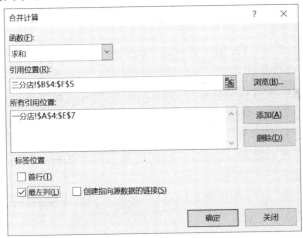

图 3-73　"合并计算"对话框

图 3-74　按分类合并计算的结果

第 8 节　综 合 练 习

1. 按照表 3-3 建立一张名为"成绩表"的工作表

表 3-3　学生成绩统计表

姓名	英语	计算机基础	数学	总分	平均分
于晓娜	85	88	97		
肖亮	78	85	73		
李艳玲	91	86	84		
白帆	76	75	58		
张建国	88	94	100		
林小琳	80	90	68		
刘洋	56	68	66		
马洪亮	78	93	84		

① 启动 Excel 2016,在 Sheet1 的 A1—F1 中依次输入"姓名""英语""计算机基础""数学""总分""平均分"字段名数据。

② 在表格的最上端插入 1 行,输入表标题"学生成绩统计表",合并居中显示,设置字体为"华文琥珀"、大小为"14"号字。

③ 在成绩分数区域设置数据验证条件,即 B3：D10 单元格只接受 0—100(含 0 和 100)的整数,并设置显示信息"只可输入 0—100 的整数"。

④ 用函数计算总分和平均分(平均分保留 1 位小数)。

⑤ 建立嵌入式堆积条形图表,比较后 4 位同学三门课的成绩。图表布局选"布局 2",图表标题为"三门课程比较图"。

⑥ 不改变数据表次序,根据总分用 RANK.EQ 函数对成绩表由高到低进行排名。

⑦ 重命名该工作表为"成绩表"。

⑧ 以"学生成绩簿"为文件名保存该工作簿到 D 盘。

【操作方法】

① 输入第 1 行字段名后,右击第 1 行行号,在快捷菜单中选择"插入"命令。

② 在 A1 中输入表标题"学生成绩统计表",选择 A1：F1,单击"开始"→"对齐方式"→"合并后居中"按钮,字体选择"华文琥珀",字号选"14"。

③ 选定 B3：D10 单元格区域,切换到"数据"选项卡界面,选择"数据工具"→"数据验证"下拉箭头,选择"数据验证"命令,弹出"数据验证"对话框,单击"设置"选项卡。

④ 在验证条件区的"允许"下拉列表框中选择"整数";在"数据"下拉列表框中选择"介于",在"最小值"和"最大值"文本框中分别输入"0"和"100",如图 3-75 所示。

⑤ 单击"输入信息"选项卡,在"选定单元格时显示下列输入信息"区域的"标题"文本框中

输入"数据验证提示";在"输入信息"文本框中输入要显示的信息"只可输入 0—100 的整数",如图 3-76 所示。

图 3-75　设置"数据验证"条件

图 3-76　设置"数据验证"输入信息

⑥ 按照表 3-3 中的数据输入各科分数,输入过程中会有提示,如图 3-77 所示。如果输入数据不符合要求,会出现数据验证不匹配提示,如图 3-78 所示。

⑦ 选择 E3 单元格,输入"="号,单击名称框的下拉箭头,选择 SUM 函数;在弹出的对话框中输入"B3:D3",即可得"于晓娜"的总分;其他学生的总分通过拖动 E3 单元格的填充柄得到。选择 F3 单元格,输入"=ROUND(E3/3,1)",单击"输入"按钮,得到"于晓娜"的平均分;通过拖动 F3 单元格的填充柄得到其他学生的平均分。

⑧ 选定 B2:D2 及 A7:D10 单元格区域;单击"插入"→"图表"→"插入柱形图或条形图"下拉箭头,在"二维条形图"预选框中选择"堆积条形图"。

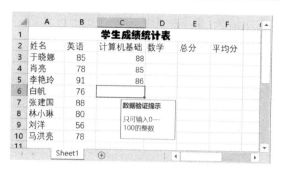

图 3-77 输入数据时显示提示信息

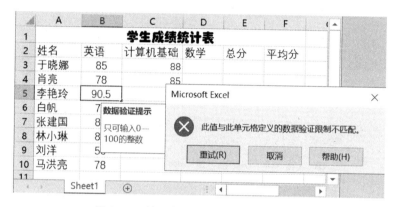

图 3-78 输入数据不匹配时的提示信息

⑨ 单击"图表工具|设计"选项卡,在"图表布局"组的"快速布局"中选择"布局 2"。然后输入图表标题"三门课程比较图",结果如图 3-79 所示。

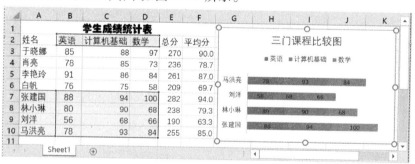

图 3-79 建立嵌入式堆积条形图参考结果

⑩ 选择 G3 单元格,单击"公式"→"插入函数"按钮,选择"统计"函数类中的 RANK.EQ 函数,按图 3-80 所示样式设置 RANK.EQ 函数参数,单击"确定"按钮。

⑪ 拖动 G3 单元格的填充柄到 G10 单元格。

⑫ 单击工作表标签 Sheet1,输入"成绩表",并以"学生成绩簿"为文件名保存该工作簿到 D 盘。

操作结果参考示例如图 3-81 所示。

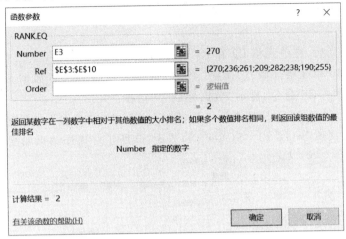

图 3-80　RANK.EQ 函数参数设置对话框

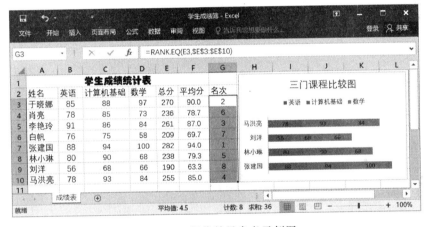

图 3-81　操作结果参考示例图

2. 根据图 3-79 中的数据,完成如下操作

① 插入一个工作表 Sheet2,复制图 3-79 中数据到 Sheet2 中。

② 在最左侧插入学号列,在姓名后插入性别列。性别的输入要求提供下拉箭头以方便自动输入。其余各项按照图 3-83 中的数据及格式进行编辑。

③ 用 IF 函数找出成绩优秀的学生(平均分大于或等于 90 为优秀,否则不显示任何字符)。

④ 用函数计算每科平均分、最高分、优秀率。(90 分及以上为优秀,平均分和优秀率保留 1 位小数)。

⑤ 对 D3:F10 分数区设置条件格式,当分数在 90 及以上时用绿色、倾斜字体显示;当分数低于 60 时填充黄色,且用红色、加粗字体显示。

⑥ 将姓名分散对齐,加边框线。

⑦ 建立独立的三维堆积柱形图,比较前 4 位同学的三门课成绩。

⑧ 筛选出总分低于平均值的同学记录。

⑨ 建立分类汇总表,按性别分别统计三门课程的平均分。

【操作提示】

① 插入"性别"列后,在单元格 C3 和 C4 中分别输入"女"和"男"。

② 选择 C3:C10 单元格区域,切换到"数据"选项卡界面,单击"数据工具"组"数据验证"下拉箭头,选择"数据验证"命令,显示"数据验证"对话框。

③ 在验证条件区"允许"下拉列表框中选择"序列",单击"来源"文本框右边的折叠对话框按钮,选择数据序列来源"=$C$3:$C$4",如图 3-82 所示。操作结果如图 3-83 所示。

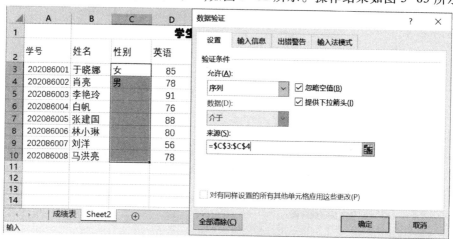

图 3-82　"数据验证"设置对话框

图 3-83　添加学号、性别及其他需计算项目后的工作表

④ 单击 I3 单元格,单击编辑栏的"插入函数"按钮,选择 IF 函数,按照图 3-84 的样式设置函数参数(这里在第 3 个文本框中输入一对西文双引号,当数据小于 90 分时不显示任何字符)。

⑤ 计算每科优秀率的方法:选择 D14 单元格,单击编辑栏的"插入函数"按钮,选择 COUNTIF 函数,按图 3-85 所示设置函数参数,完成优秀个数的统计。在编辑栏中输入"/",然后

插入函数 COUNT(参见图 3-87 的编辑栏),计算出英语的优秀率,拖动填充柄复制该公式。单击"数字"组中的"百分比样式"按钮,再单击"增加小数位数"按钮。(计算每科平均分和最高分的操作参见本章第 5 节,在此不赘述。)

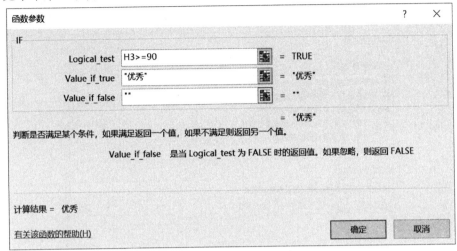

图 3-84　设置 IF 函数参数对话框

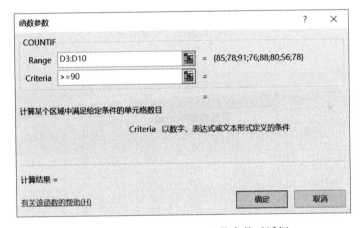

图 3-85　设置 COUNTIF 函数参数对话框

⑥ 条件格式的设置:选定 D3∶F10 单元格区域,单击"样式"→"条件格式"下拉箭头,选择"新建规则"命令,显示"新建格式规则"对话框。在"选择规则类型"框中选择"只为包含以下内容的单元格设置格式",并设置第 1 个条件及格式,如图 3-86 所示;按照该方法再设置第 2 个条件格式。

注意,条件格式的设置也可以通过"管理规则"一次性完成(参见本章第 4 节)。

上述计算和格式化后的效果如图 3-87 所示。

⑦ 图表数据源应选择 B2∶B6 及 D2∶F6,图表布局选布局 5,垂直轴标题"分数"设置为竖排方式,然后调整图表中的字号大小,操作结果如图 3-88 所示。

⑧ 单击数据清单中的任一单元格,选择"开始"→"编辑"→"排序和筛选"中的"筛选"命

令,字段名旁出现筛选箭头。单击"总分"旁的筛选箭头,选择"数字筛选"→"低于平均值"命令,筛选结果如图 3-89 所示。

⑨ 建立分类汇总表要按分类字段"性别"排序。设置分类汇总对话框如图 3-90 所示,操作结果如图 3-91 所示。

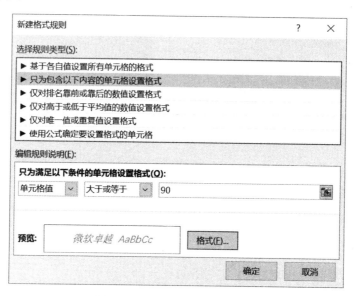

图 3-86 设置第 1 个条件格式

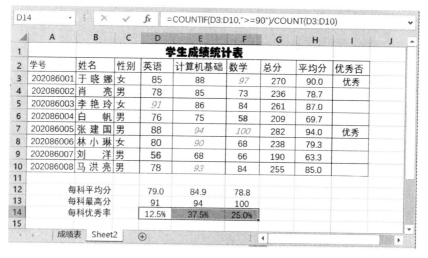

图 3-87 计算和格式化后的效果图

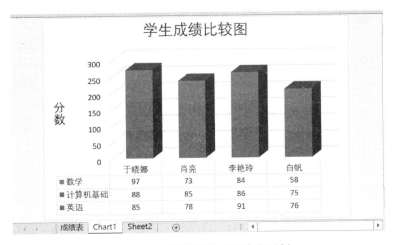

图 3-88 三维堆积柱形图参考示例

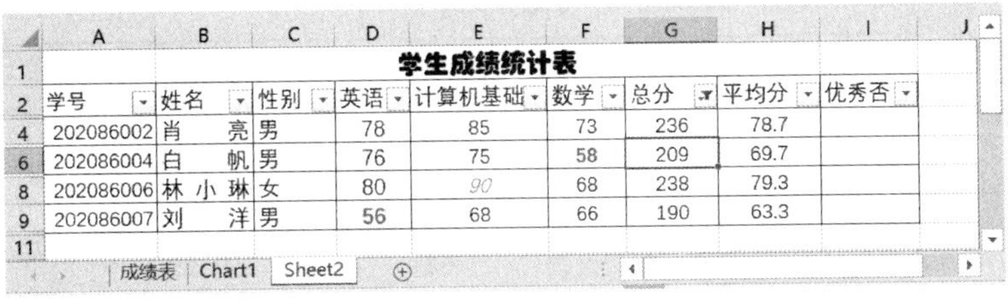

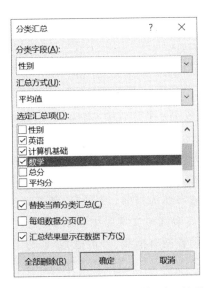

	A	B	C	D	E	F	G	H	I	J
1				学生成绩统计表						
2	学号	姓名	性别	英语	计算机基础	数学	总分	平均分	优秀否	
4	202086002	肖 亮	男	78	85	73	236	78.7		
6	202086004	白 帆	男	76	75	58	209	69.7		
8	202086006	林 小 琳	女	80	90	68	238	79.3		
9	202086007	刘 洋	男	56	68	66	190	63.3		
11										

成绩表　Chart1　Sheet2　⊕

图 3-89 总分低于平均值的筛选结果

图 3-90 "分类汇总"对话框设置情况

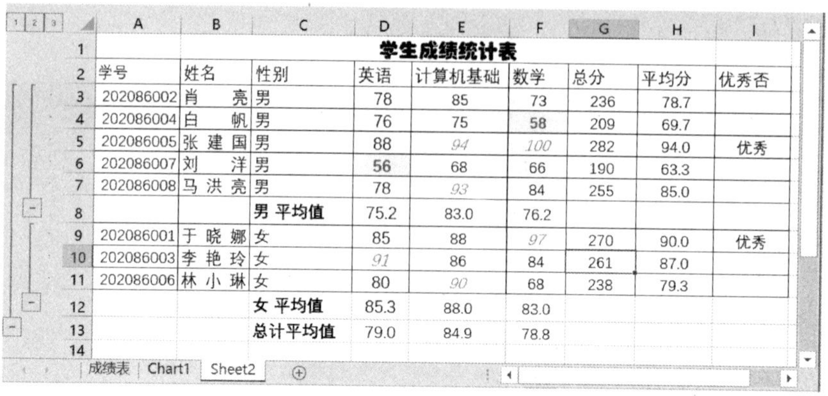

图 3-91   分类汇总结果

3. 为表 3-4 所示的学生成绩数据建立工作表

表 3-4   《高等数学》成绩单

姓名	班级	出生年月	平时成绩	期末成绩	总成绩
王红微	1 班	2000/12	78	88	
胡晓明	2 班	2001/6	86	68	
纪念	2 班	2000/10	68	92	
马晓伟	1 班	2001/2	66	78	
陈燕燕	2 班	2001/8	96	90	
宋虹	1 班	2001/5	58	87	
静思	1 班	2000/11	75	65	
章洪一	2 班	2001/9	88	95	

① 利用公式计算总成绩(总成绩=平时成绩×20%+期末成绩×80%),结果保留整数。

② 将出生年月设置为"××××年×月"的格式。

③ 将标题区(A1:F1)合并居中,字体设置为华文行楷,16 号字,加下画线显示。

④ 设置字段区 A3:F3 为黑体,14 号字,背景颜色设置为"金色,个性色 4"。

⑤ 设置 A4:F11 单元格区域字体为楷体,12 号字,背景颜色为"灰色-25%,背景 2"。

⑥ 设置姓名分散对齐显示,其余区域文字居中显示。

⑦ 为 A4:F11 单元格区域设置所有框线,外边框为"粗外侧框线"。

⑧ 重命名工作表为"成绩单"。

⑨ 筛选出平时、期末及总成绩均高于 90 分,或 1 班总成绩高于 85 分的记录。

⑩ 建立数据透视表,按班级分别统计平时、期末和总成绩的平均值,并将统计结果存放到新工作表的 A3 开始位置,计算结果保留 1 位小数,数据透视表样式选中等深浅 23。

【操作提示】

① 出生年月格式设置:选定 C4:C11,单击"开始"→"数字"组右下角的对话框启动器,显

示"设置单元格格式"对话框。在"分类"及"类型"区选择所需选项,如图 3-92 所示。

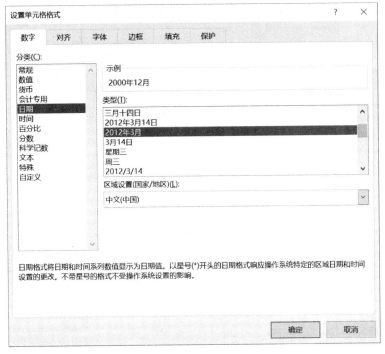

图 3-92　"设置单元格格式"对话框

② 用公式计算总成绩和格式化工作表操作结果如图 3-93 所示。

③ 建立高级筛选条件区,见图 3-95 的 B14：E16 单元格区域。单击数据清单任一单元格,选择"数据"选项卡"排序和筛选"组中的"高级"命令,显示"高级筛选"对话框。按图 3-94 的样式设置,筛选结果如图 3-95 所示。

图 3-93　用公式计算及格式化结果　　　图 3-94　"高级筛选"对话框中的设置

④ 单击数据清单中的任一单元格,选择"插入"→"表格"→"数据透视表"命令,显示"创建数据透视表"对话框,选择存放数据透视表的位置为"新工作表"。

⑤ 在"数据透视表字段"任务窗格中设置字段位置,如图 3-96 的右侧所示,统计结果如图 3-96左侧所示。

图 3-95   高级筛选条件区和高级筛选结果

图 3-96   按班级统计结果及字段设置示例

第4章

PowerPoint 2016 操作实验

第1节 演示文稿的基本操作

一、实验目的

① 掌握 PowerPoint 2016 的启动方法。
② 掌握新建与保存演示文稿的方法。
③ 掌握打开和关闭演示文稿的方法。

二、实验内容

1. PowerPoint 2016 的启动

在 Windows 桌面上,单击任务栏上的"开始"按钮,从弹出的开始菜单中选择"PowerPoint 2016"程序项,单击"空白演示文稿",系统将启动 PowerPoint 2016 应用程序并创建一个空白的演示文稿,其窗口如图 4-1 所示,这是一个 16 : 9 的宽屏格式演示文稿,默认文件名为"演示文稿 1"。

如果要以 4 : 3 的格式操作演示文稿,单击"设计"选项卡,单击"自定义"→"幻灯片大小"命令进行选择。

2. 新建、保存、打开和关闭演示文稿

(1) 新建并保存一个名为"计算机基础"的空白演示文稿

【操作方法】

① 启动 PowerPoint 2016 应用程序,系统自动新建一个空白演示文稿,默认文件名为"演示文稿 1"。

② 单击"文件"选项卡中的"保存"按钮,屏幕显示"另存为"选择界面。

③ 选择"浏览"或"这台电脑",打开"另存为"对话框。

④ 依次选择文件要保存到的磁盘以及文件夹,在"文件名"文本框中输入"计算机基础",单击"保存"按钮,系统默认其扩展名为. pptx。

⑤ 选择"文件"选项卡中的"关闭"命令,可以关闭"计算机基础"演示文稿,此时并没有退出 PowerPoint 2016 应用程序。

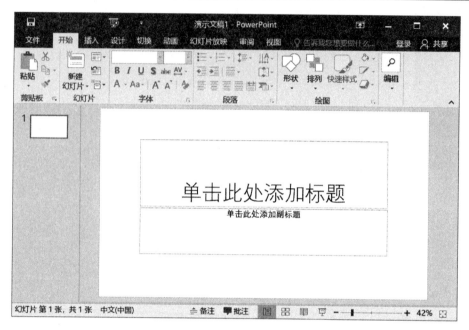

图 4-1 PowerPoint 2016 窗口

（2）打开和关闭"计算机基础"演示文稿

【操作方法 1】

① 在 PowerPoint 2016 应用程序窗口，单击"文件"选项卡中的"打开"命令。

② 依次选择"计算机基础"演示文稿所在的磁盘和文件夹，选择"计算机基础"，单击"打开"按钮。

③ 选择"文件"选项卡中的"另存为"命令，可以将该演示文稿以其他文件名保存，或将该文件另存到其他磁盘或文件夹中。

④ 单击 PowerPoint 2016 应用程序窗口右上角的"关闭"按钮，系统关闭演示文稿，并退出PowerPoint 2016 应用程序。

【操作方法 2】

如果事先没有启动 PowerPoint 2016 应用程序，可以在磁盘或文件夹中找到"计算机基础"演示文稿并双击它，系统将直接启动 PowerPoint 2016 并打开该文件。

第 2 节 幻灯片的制作与格式化

一、实验目的

① 掌握幻灯片制作及格式化的方法。

② 学习在幻灯片中插入各种对象的方法。

③ 掌握幻灯片的基本操作方法。

二、实验内容

1. 幻灯片的制作及格式化

(1) 幻灯片的制作

以"计算机基础"为主题制作幻灯片。

【操作方法】

① 双击要打开的空白演示文稿"计算机基础"。

② 在标题幻灯片的标题区输入"计算机基础",在副标题区输入"计算机知识讲座"。

③ 选择"开始"选项卡,单击"幻灯片"组中的"新建幻灯片"下拉箭头,选择一种幻灯片版式,如"标题和内容"版式。

④ 按如下参考文字输入幻灯片的内容,制作除标题幻灯片外的其他 3 张幻灯片,并为每张幻灯片添加标题。

自从 1946 年第一台电子计算机诞生以来,计算机得到了迅猛的发展和推广,已广泛应用于社会的各个领域。

1946 年 2 月,世界公认的第一台通用电子数字计算机 ENIAC,即"电子数字积分计算机"在美国宾夕法尼亚大学研制成功。

计算机的应用:科学计算、数据处理、计算机辅助系统[包括辅助设计(CAD)、辅助制造(CAM)、辅助教育(CBE)]、过程控制、人工智能、计算机仿真、计算机网络、多媒体技术。

(2) 幻灯片的格式化

对上面制作的幻灯片"计算机基础"的文本进行格式化,并插入相应图片。

【操作方法】

① 选定标题幻灯片中的"计算机基础",设置字体为"隶书","80"号字,颜色为标准色"深红"。

② 选定副标题"计算机知识讲座",设置字体为"华文行楷","44"号字,颜色选标准色"深蓝"。

③ 选定其他幻灯片文本的外边框,设置字体、字号和段落间距。

④ 在第 2 张、第 4 张幻灯片中插入相应的图片。

⑤ 选定图片,拖动调整图片的大小和位置。

⑥ 保存"计算机基础"演示文稿到自备的 U 盘上。

所建立的幻灯片如图 4-2 所示。

2. 在幻灯片中插入各种对象

(1) 艺术字的设置

将标题幻灯片中的文字"计算机基础"更改为艺术字体。

【操作方法】

① 选定标题幻灯片中的"计算机基础",选择"绘图工具 | 格式"选项卡,单击"艺术字样式"组中的"快速样式"下拉箭头,选择"填充-橙色,着色 2,轮廓-着色 2"。

② 单击"艺术字样式"对话框启动器,显示"设置形状格式"任务窗格。

③ 单击"形状选项"→"效果"按钮,"阴影""颜色"选"深红";"映像""预设"选"半映像:接触"。

"设置形状格式"任务窗格及艺术字设置效果如图 4-3 所示。

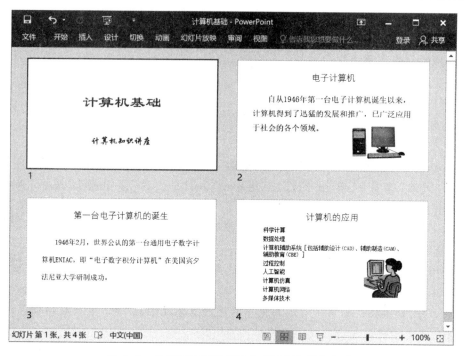

图 4-2 在幻灯片浏览视图中查看制作的幻灯片

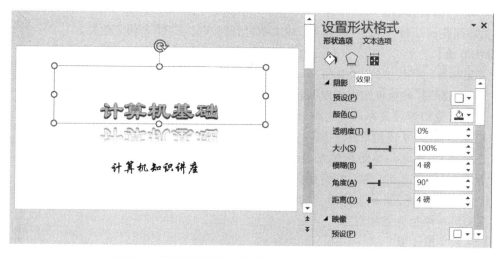

图 4-3 "设置形状格式"任务窗格及艺术字设置效果

（2）插入一张幻灯片

在图 4-2 的第 3 张幻灯片后插入一张新幻灯片，并插入一张表格，内容为表 4-1。

表 4-1 计算机的发展阶段

时代	年份	器件	运算速度
一	1946—1957 年	电子管	几千次/s

续表

时代	年份	器件	运算速度
二	1958—1964 年	晶体管	几十万次/s
三	1965—1971 年	小规模集成电路	几十万次到几百万次/s
四	1972 年至今	大规模及超大规模集成电路	几百万次到亿万次/s

【操作方法】

① 切换到幻灯片视图,单击第 3 张幻灯片。

② 选择"开始"选项卡"幻灯片"组中的"新建幻灯片"→"仅标题"版式。

③ 选择"插入"选项卡中的"表格"→"插入表格"命令,插入一个 5 行 4 列的表格,并按表 4-1 输入内容。

④ 选定插入的表格后,选择"表格工具|设计"选项卡,设置表格样式为"中度样式 2-强调 1"。

操作结果如图 4-6 中的第 4 张幻灯片所示。

(3) 插入 SmartArt 图形

将图 4-2 的第 4 张幻灯片文本"计算机辅助系统"转换为 SmartArt 图形,在"辅助教育(CBE)"下增加"计算机辅助教学(CAI)"和"计算机管理教学(CMI)",并放到新建的幻灯片中。

【操作方法】

① 编辑文字后通过单击"提高列表级别"按钮设置项目符号列表的级别,如图 4-4 所示。

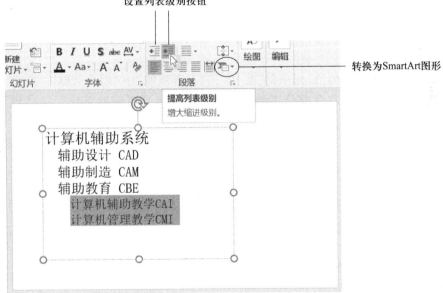

图 4-4　设置项目符号列表的级别

② 选中文本框,单击"开始"选项卡中"段落"组的"转换为 SmartArt 图形"按钮,显示选择 SmartArt 图形列表框,从列表框里选择如图 4-5 所示的"组织结构图"。

③ 屏幕显示"SmartArt 工具"的"设计"和"格式"选项卡。在"设计"选项卡"SmartArt 样式"

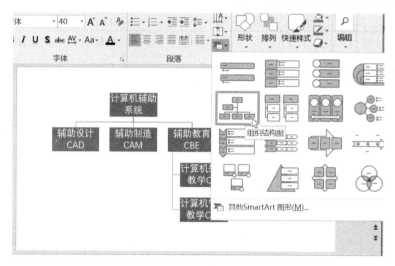

图 4-5　选择 SmartArt 图形结构

组中单击样式选择框的"其他"按钮,选择三维"嵌入"形式;单击"更改颜色"下拉箭头,选择"彩色-个性色"进行颜色的配置。

④ 单击"版式"组中的"更改布局"下拉箭头,选择"水平层次结构"。

操作结果如图 4-6 的第 6 张幻灯片所示。

（4）在幻灯片中插入形状

在刚刚建立的 SmartArt 图形上方插入一个"星与旗帜"的形状,并输入文字"计算机辅助系统";在图 4-2 的第 4 张幻灯片中插入"左大括号"表现文字包含关系。

【操作方法】

① 选择"插入"选项卡"插图"组中的"形状"→"星与旗帜"→"前凸带形"。

② 拖动鼠标"+"字光标形成前凸带形状,输入文字"计算机辅助系统",字体设为"华文行楷","40"号字,颜色设为"黑色"。

③ 单击"绘图工具|格式"选项卡,在"形状样式"组的形状外观样式中选"细微效果-绿色,强调颜色 6"。

④ 选择图 4-2 中的第 4 张幻灯片,重新编辑文字。

⑤ 选择"插入"选项卡"插图"组中的"形状"→"基本形状"→"左大括号",拖动鼠标指针,并调整大小,设置形状轮廓线为黑色。

操作结果如图 4-6 的第 5 张和第 6 张幻灯片所示。

经上述设置后的幻灯片如图 4-6 所示。

（5）为幻灯片添加背景音乐

在制作的幻灯片"计算机基础"中加入一段背景音乐,要求幻灯片换页时连续播放。

【操作方法】

① 在第 1 张幻灯片中,单击"插入"选项卡"媒体"组中的"音频"下拉箭头,选择"PC 上的音频"命令,弹出"插入音频"对话框。

② 找到所需的音频文件,单击"插入"按钮,在当前幻灯片中插入一个小喇叭音频图标。

图 4-6　制作的 6 张幻灯片及设置效果图

③ 单击小喇叭音频图标,其下面显示声音播放器,供试听声音使用。

④ 单击"音频工具|播放"选项卡,在"音频选项"组的"开始"选择框中选"自动",并勾选"跨幻灯片播放"复选框,则可在幻灯片换页时连续播放,如图 4-7 所示。

图 4-7　在"音频选项"组中选择"跨幻灯片播放"

如果播放 3 张幻灯片后要更换背景音乐,则进行如下设置:

⑤ 选择"动画"选项卡中的"高级动画"→"动画窗格"命令打开动画窗格。

⑥ 单击音频文件右边的下拉箭头,从下拉列表框中选择"效果选项",如图 4-8 所示。

图 4-8　在"动画窗格"中选择"效果选项"命令

　　⑦ 在随后显示的"播放音频"对话框中设置背景音乐连续播放的幻灯片张数,如图 4-9 所示为在第 3 张幻灯片后停止播放该段音乐。

图 4-9　"播放音频"对话框

⑧ 按上述方法在下一张幻灯片中插入第 2 个音频文件,即可在一个演示文稿中播放 2 段不同的音乐。

3. 幻灯片的基本操作

将图 4-6 中的第 2 张和第 5 张幻灯片复制到本演示文稿的最后,将第 5 张幻灯片移动到第 4 张前,再删除最后 2 张幻灯片。

【操作方法】

① 切换到幻灯片浏览视图,单击第 2 张幻灯片,按住 Ctrl 键的同时单击第 5 张幻灯片。

② 选择"开始"选项卡中的"剪贴板"→"复制"按钮。

③ 将鼠标指针移动到演示文稿的最后空白处并单击,以定位幻灯片复制的目标位置。

④ 单击"开始"选项卡中的"剪贴板"→"粘贴"按钮,完成幻灯片的复制和粘贴。

⑤ 单击第 5 张幻灯片,按住鼠标左键拖动到第 4 张前,完成幻灯片的移动。

⑥ 选择复制到最后的 2 张幻灯片,按 Delete 键,可以删除选定的 2 张幻灯片。

⑦ 保存"计算机基础"演示文稿到自备的 U 盘上。

第 3 节　演示文稿外观的设置

一、实验目的

① 掌握幻灯片母版的设置方法。

② 掌握幻灯片背景的设置方法。

③ 学习应用幻灯片主题。

二、实验内容

1. 设置母版

(1) 设置幻灯片母版

为演示文稿"计算机基础"设置幻灯片母版。

【操作方法】

① 选择"视图"选项卡中的"母版视图"→"幻灯片母版"命令,屏幕显示幻灯片母版的设置窗口,同时打开"幻灯片母版"选项卡。

② 选择大纲视图区的"Offiec 主题 幻灯片母版",如图 4-10 所示,将对演示文稿中所有幻灯片编辑母版样式。

③ 单击标题区,编辑母版标题样式:字体设置为"隶书""深蓝"色"54"号字。

④ 选择"插入"选项卡中的"文本"→"页眉和页脚"命令,弹出"页眉和页脚"对话框。

⑤ 在对话框中单击"幻灯片"选项卡,勾选"日期和时间"复选框,选择"日期和时间"中的"自动更新";勾选"幻灯片编号"和"标题幻灯片中不显示"复选框,在"页脚"区输入需要显示的文本内容"计算机基础",如图 4-11 所示,单击"全部应用"按钮。

⑥ 选中幻灯片母版中下端的日期、页脚和页码占位符,将字号设置为"18"。

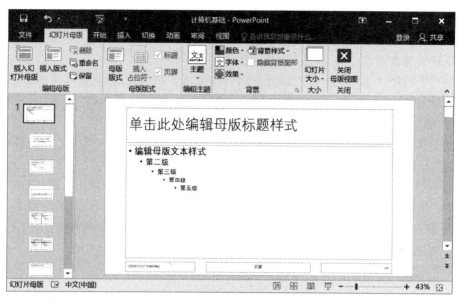

图 4-10　幻灯片母版设置窗口

图 4-11　设置幻灯片母版的页眉和页脚

⑦ 单击幻灯片母版大纲视图区的"标题和内容 版式",向幻灯片母版中插入一个红色五角星,则具有该版式的幻灯片都会拥有该对象。

⑧ 单击"关闭母版视图"按钮返回幻灯片编辑窗口,设置后的效果如图 4-12 所示。

以"计算机基础"为文件名保存该演示文稿到自备的 U 盘上。

（2）设置讲义母版

为演示文稿"计算机基础"设置讲义母版,要求每页讲义打印 4 张幻灯片。

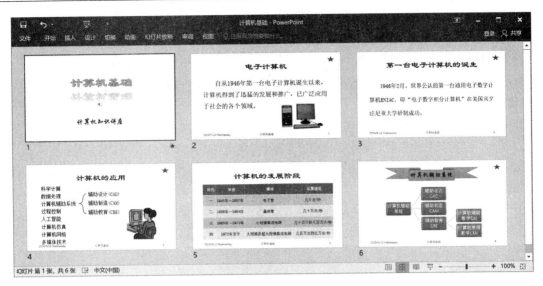

图 4-12　设置幻灯片母版后的效果

【操作方法】

① 选择"视图"选项卡"母版视图"组中的"讲义母版"命令,显示讲义母版设置窗口,同时打开"讲义母版"选项卡。

② 在"页面设置"组中单击"讲义方向"下拉箭头,选择"横向";单击"每页幻灯片数量"下拉箭头,从下拉列表中选择"4 张幻灯片",如图 4-13 所示。

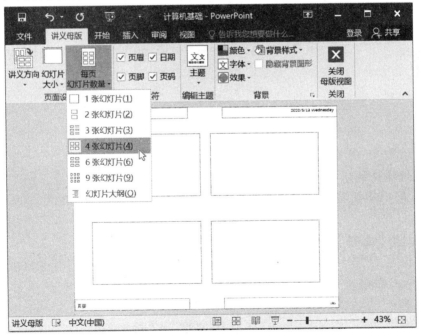

图 4-13　"讲义母版"设置窗口

③ 单击"关闭母版视图"按钮。

2. 设置幻灯片背景

（1）设置纯色背景

为演示文稿"计算机基础"设置浅绿色、透明度为 50% 的纯色背景。

【操作方法】

① 打开"计算机基础"演示文稿，切换到"设计"选项卡。

② 单击"自定义"组中的"设置背景格式"命令，显示"设置背景格式"任务窗格。

③ 在"设置背景格式"任务窗格的"填充"区中选择"纯色填充"单选项。单击"颜色"下拉箭头，选择标准色"浅绿"。

④ 调整"透明度"为"50%"，为所选幻灯片设置纯色背景，如图 4-14 所示。

⑤ 单击"全部应用"按钮，为演示文稿中的所有幻灯片设置背景。

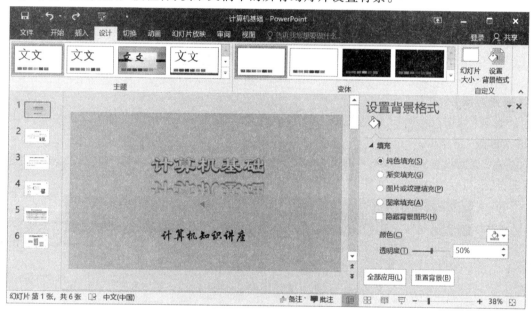

图 4-14 在"设置背景格式"任务窗格中选择"纯色填充"

（2）设置纹理背景

为演示文稿"计算机基础"设置"蓝色面巾纸"纹理背景，并设置对比度为 -20%。

【操作方法】

① 打开"计算机基础"演示文稿，切换到"设计"选项卡。

② 单击"自定义"组中的"设置背景格式"命令，显示"设置背景格式"任务窗格。

③ 在"设置背景格式"任务窗格的"填充"区中选择"图片或纹理填充"单选项。单击"纹理"下拉箭头，选择"蓝色面巾纸"。

④ 单击"图片"按钮，在"图片更正"区单击"亮度"和"对比度"下拉箭头，从下拉列表中选择"亮度"".00%"，对比度"-20%"，如图 4-15 所示。

⑤ 单击"全部应用"按钮，为演示文稿中的所有幻灯片设置纹理背景。

图 4-15　在"设置背景格式"任务窗格中选择"图片或纹理填充"

3. 应用幻灯片主题

（1）对演示文稿"计算机基础"应用"丝状"主题

【操作方法】

① 打开"计算机基础"演示文稿,切换到"设计"选项卡。

② 单击"主题"组中的"其他"下拉箭头,选择"丝状"主题。

③ 单击"文件"选项卡中的"另存为"命令,在"另存为"对话框中选择要保存到的目标磁盘及文件夹;输入要保存的演示文稿文件名"计算机基础-主题"。

应用"丝状"主题的幻灯片如图 4-16 所示。

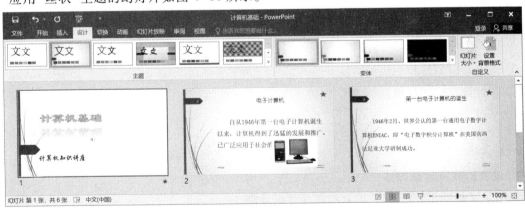

图 4-16　应用"丝状"主题的幻灯片

（2）为应用的主题重新配色

【操作方法】

① 单击"设计"选项卡"变体"组中的"其他"下拉箭头,选择"颜色",显示主题颜色列表。

② 在内置主题颜色列表中选择一种需要的颜色,如"蓝色"。

③ 如果要更改幻灯片某部分的颜色,单击"变体"组中的"其他"下拉箭头,选择"颜色",在

颜色列表的下面选择"自定义颜色"命令,显示"新建主题颜色"对话框,如图 4-17 所示。

　④ 在"主题颜色"区选择要更改的选项进行设置,如文字/背景、字体颜色或超链接等。

图 4-17　"新建主题颜色"对话框

第 4 节　幻灯片播放效果的设置

一、实验目的

① 掌握设置幻灯片动画的方法。
② 掌握设置幻灯片切换的方法。
③ 学习使用超链接。

二、实验内容

1. 设置幻灯片动画效果

对演示文稿"计算机基础"设置幻灯片动画效果。

【操作方法】

① 打开"计算机基础"演示文稿,选择第 2 张幻灯片,单击"动画"选项卡。
② 单击文本区,选择"高级动画"→"添加动画"中的"缩放"选项。
③ 选择图片,单击"动画"组中的"其他"下拉箭头,在动画"进入"区选择"轮子"。
④ 单击"高级动画"组中的"动画窗格"按钮,在幻灯片右侧显示动画窗格。
⑤ 单击"高级动画"组中的"添加动画"按钮,显示添加动画下拉列表。用鼠标拖动滚动条后在"动作路径"区选择"弧形",并调整移动方向使之指向左侧,如图 4-18 所示。

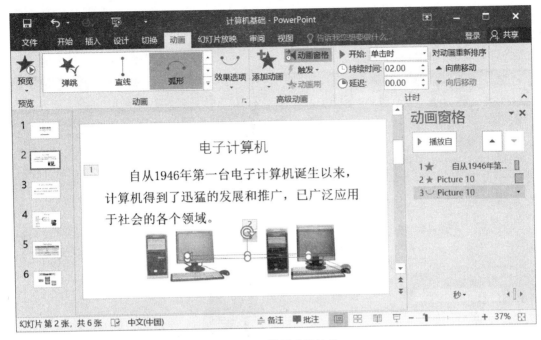

图 4-18 设置动画效果

⑥ 单击动画窗格中的"播放所选项"或"预览"组中的"预览"按钮观看动画设置效果。也可以调整动画出现的次序。

⑦ 选择第 4 张幻灯片,单击主文本区,单击"高级动画"组中的"添加动画"按钮,在动画"进入"区选择"浮入"。

⑧ 单击动画窗格中第 1 个动画右边的下拉箭头,从出现的列表中选择"效果选项",如图 4-19 所示。在随后弹出的"上浮"对话框中选择"正文文本动画",在"组合文本"列表框中选择"作为一个对象"演示动画。

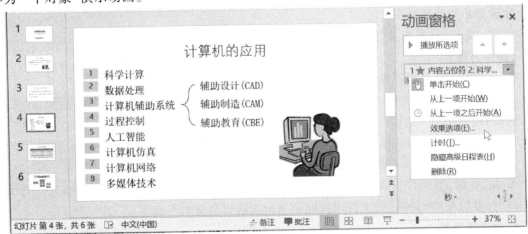

图 4-19 在"动画窗格"中选择"效果选项"示意图

⑨ 选定左大括号,按住 Ctrl 键再单击其右边的文本,选择"高级动画"→"添加动画"中的 "擦除";选择"动画"→"效果选项"→"自左侧"命令;在"计时"组"开始"列表框中选择"上一动画之后"启动动画,如图 4-20 所示。

图 4-20 组合对象的动画设置

⑩ 单击图片,选择"高级动画"→"添加动画"中的"形状"。

⑪ 对演示文稿的其他幻灯片文本分别设置动画效果。动画形式自行选定,单击鼠标启动动画。

以"计算机基础-动画"为文件名保存该演示文稿到自备的 U 盘上。

2. 设置幻灯片切换

对演示文稿"计算机基础-动画"设置幻灯片切换。

【操作方法】

① 切换到幻灯片浏览视图,选定全部幻灯片。

② 选择"切换"选项卡,选择"切换到此幻灯片"组中的"推进"切换方式,则所有幻灯片都按此方式进行切换。

③ 如果要更改演示文稿中某些幻灯片的切换方式,则选定这些幻灯片。如选定其中 2 张幻灯片,再选择"擦除"切换效果;单击"效果选项"按钮,选择切换方向为"自顶部"。

④ 在"计时"组换片方式区勾选"单击鼠标时"复选框,如图 4-21 所示。

以"计算机基础-切换"为文件名保存该演示文稿到自备的 U 盘上。

3. 设置超链接

(1) 插入超链接

在演示文稿"计算机基础"中插入超链接,要求从第 4 张幻灯片链接到第 6 张幻灯片。

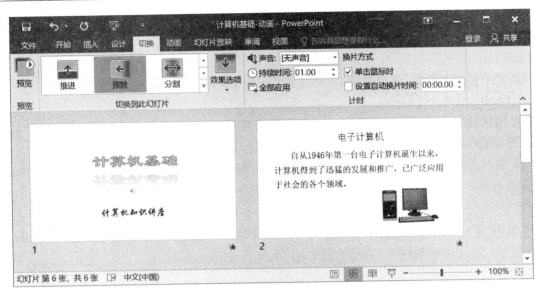

图 4-21　设置幻灯片切换

【操作方法】

① 单击第 4 张幻灯片,选定"计算机辅助系统"作为超链接的起点。

② 选择"插入"选项卡"链接"组中的"超链接"命令,显示"插入超链接"对话框。

③ 在"链接到"选择区中单击"本文档中的位置",在"请选择文档中的位置"选择框中选择第 6 张幻灯片,如图 4-22 所示。单击"确定"按钮后即可插入超链接。

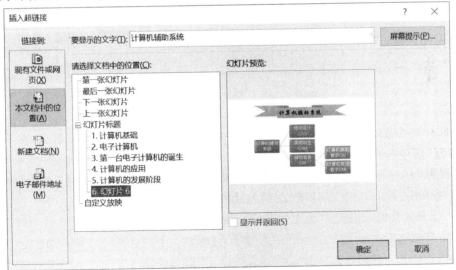

图 4-22　"插入超链接"对话框

（2）添加动作按钮

对上述设置了超链接的演示文稿"计算机基础",要求使用动作按钮从第 6 张幻灯片链接到第 5 张幻灯片后结束放映。

【操作方法】

① 选择第 6 张幻灯片，单击"插入"选项卡"插图"组中的"形状"下拉箭头。

② 在下拉列表框的"动作按钮"区中选择"后退或前一项"动作按钮，如图 4-23 所示。

③ 用鼠标"+"字形指针在幻灯片中拖动形成按钮，显示"操作设置"对话框。

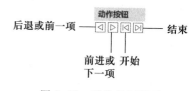

图 4-23　动作按钮图示

④ 在对话框中选择"单击鼠标"选项卡，在"单击鼠标时的动作"区选择"超链接到"单选按钮，在其下面的列表框中选择"上一张幻灯片"，如图 4-24 所示。

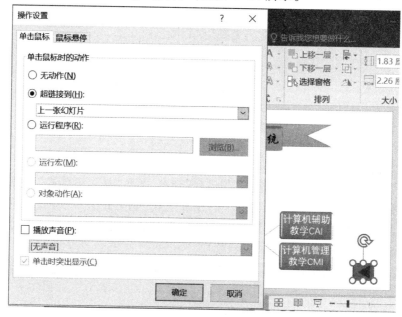

图 4-24　"操作设置"对话框

⑤ 再选择第 5 张幻灯片，单击"插入"选项卡"插图"组中的"形状"下拉箭头，在下拉列表框的"动作按钮"区中选择"结束"动作按钮。

⑥ 用鼠标"+"字形指针在幻灯片中拖动形成按钮，在弹出的"操作设置"对话框中选择"单击鼠标"选项卡及"超链接到"单选项，在列表框中选择"结束放映"。

⑦ 以"计算机基础-超链接"为文件名保存演示文稿到自备的 U 盘上。

第 5 节　演示文稿的放映

一、实验目的

① 学习使用排练计时。

② 掌握幻灯片放映方式的设置方法。

二、实验内容

1. 按自动播放方式设置幻灯片

对演示文稿"计算机基础-切换"采用排练计时的方法设置自动播放方式。

【操作方法】

① 打开已经设置了幻灯片手动动画和切换效果的演示文稿"计算机基础-切换"。

② 切换到"幻灯片放映"选项卡，单击"设置"组中的"排练计时"按钮，进入放映排练状态，屏幕左上角显示如图 4-25 所示的"录制"工具栏。

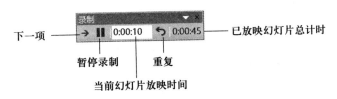

图 4-25　排练计时"录制"工具栏

③ 按照需要的放映时间间隔单击鼠标播放幻灯片。

④ 如果当前幻灯片在屏幕上停留的时间能够满足放映要求，单击鼠标左键或工具栏上的"下一项"按钮。

⑤ 如果对当前幻灯片录制的放映时间不满意，可以单击工具栏上的"重复"按钮，将当前幻灯片放映时间清零，重新录制当前幻灯片的放映时间。

⑥ 当最后一张幻灯片放映完毕，系统给出演示文稿总播放时间，并显示"是否保留新的幻灯片计时"的系统询问对话框。

⑦ 单击"是"按钮，接受录制的排练计时。切换到幻灯片浏览视图可以查看每张幻灯片所录制的放映时间。

⑧ 以文件名"计算机基础-自动播放"保存该演示文稿到自备的 U 盘上。

2. 设置幻灯片放映

（1）设置演讲者放映方式

将演示文稿"计算机基础-切换"设置为演讲者放映方式。

【操作方法】

① 打开演示文稿"计算机基础-切换"。

② 选择"幻灯片放映"选项卡"设置"组中的"设置幻灯片放映"命令，屏幕显示"设置放映方式"对话框，如图 4-26 所示。

③ 在"放映类型"区选择"演讲者放映（全屏幕）"单选项，在"换片方式"区选择"手动"单选项，单击"确定"按钮回到普通视图界面。

④ 单击视图切换区"幻灯片放映"按钮或选择"幻灯片放映"选项卡中的"开始放映幻灯片"→"从头开始"命令进行幻灯片放映。

⑤ 在幻灯片放映过程中，右击幻灯片，在弹出的快捷菜单中可以选择"查看所有幻灯片"命

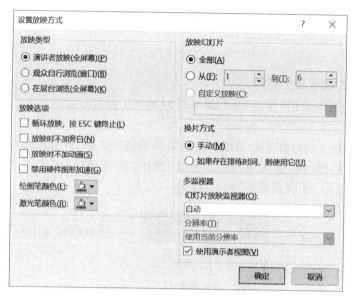

图 4-26 "设置放映方式"对话框

令查看任何一张幻灯片。如果在快捷菜单中选择"结束放映"则可以随时停止播放幻灯片。

（2）设置观众自行浏览方式

将演示文稿"计算机基础-超链接"设置为观众自行浏览方式。

【操作方法】

① 打开演示文稿"计算机基础-超链接"。

② 选择"幻灯片放映"选项卡"设置"组中的"设置幻灯片放映"命令，屏幕显示如图 4-26 所示的"设置放映方式"对话框。

③ 在"放映类型"区选"观众自行浏览（窗口）"，在"放映选项"区勾选"循环放映，按 Esc 键终止"复选框，在"换片方式"区选择"手动"单选项。单击"确定"按钮回到普通视图界面。

④ 单击视图切换区"幻灯片放映"按钮或选择"幻灯片放映"选项卡中的"开始放映幻灯片"→"从头开始"命令进行幻灯片放映。

⑤ 按 PgUp、PgDn 键查看幻灯片放映情况，按 Esc 键结束放映。

（3）设置在展台浏览放映方式

将演示文稿"计算机基础-自动播放"设置为在展台浏览（全屏幕）自动循环播放的放映方式。

【操作方法】

① 打开演示文稿"计算机基础-自动播放"。

② 选择"幻灯片放映"选项卡中的"设置放映方式"命令，屏幕显示如图 4-26 所示的"设置放映方式"对话框。

③ 首先在"换片方式"区选择"如果存在排练时间，则使用它"单选项，以便自动放映。

④ 在"放映类型"区选择"在展台浏览（全屏幕）"单选项，在"多监视器"区的"幻灯片放映监视器"下拉列表框中选择"自动"。单击"确定"按钮回到普通视图界面。

⑤ 单击视图切换区的"幻灯片放映"按钮,或选择"幻灯片放映"选项卡中的"开始放映幻灯片"→"从头开始"命令进行幻灯片自动循环放映。

⑥ 按 Esc 键结束放映。

第 6 节　综 合 练 习

1. 按下列要求创建演示文稿,并以"演示-1"为文件名保存

① 建立一个含有 2 张幻灯片的演示文稿,内容如图 4-27 所示,图片可以自行选择。

② 演示文稿主题选择"平面"。

③ 在第 1 张幻灯片前插入版式为"标题幻灯片"的新幻灯片。

④ 在标题幻灯片中插入艺术字"计算机知识讲座",艺术字样式为"填充-白色,轮廓-着色 1,阴影",文字效果选"转换-上弯弧";艺术字高度为"2.5 厘米",宽度为"12 厘米";艺术字设置在水平位置距左上角"2 厘米"处,垂直位置距左上角"3 厘米"处。

⑤ 在标题文本框中输入"计算机网络",字号设置为"60";删除副标题文本框。

⑥ 插入一张笔记本计算机图片,图片大小设置为高度"7.1 厘米",宽度"8.7 厘米";图片设置在水平位置距左上角"1 厘米"处,垂直位置距左上角"11.5 厘米"处。

⑦ 标题文本的动画设置为"飞入",效果选项为"自右下部";艺术字的动画设置为"缩放",动画效果为"消失点-幻灯片中心",持续时间为"2 秒"。

⑧ 将第 2 张幻灯片文本设置为"黑体""36"号字,加粗显示。

⑨ 设置幻灯片放映方式为"演讲者放映"。

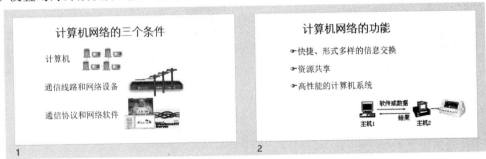

图 4-27　幻灯片样例 1

【操作提示】

① 插入"标题幻灯片"后,在标题区输入文本"计算机网络",设置字号为"60"。

② 选择"插入"选项卡"文本"组中的"艺术字"命令,选择艺术字样式为"填充-白色,轮廓-着色 1,阴影",在艺术字输入文本框中输入"计算机知识讲座",此时用于设置艺术字格式的工具栏打开。

③ 单击"艺术字样式"组中的"文字效果"下拉箭头,选择"转换-跟随路径-上弯弧"。单击"形状样式"对话框启动器,显示"设置形状格式"任务窗格,单击"大小与属性"按钮,设置艺术

字高度、宽度,以及位置,如图 4-28 所示。

图 4-28 "设置形状格式"任务窗格

④ 选择"插入"选项卡,单击"插入"组中的"联机图片"命令,在"必应图像搜索"文本框中输入搜索词"computers",在出现的图片列表中选择一张所需的图片。

⑤ 在"图片工具|格式"选项卡界面,单击"大小"组右边的对话框启动器,显示"设置图片格式"任务窗格。单击"大小与属性"按钮,设置图片精确的位置和尺寸,如图 4-29 所示。

制作的 3 张幻灯片如图 4-30 所示。

图 4-29 "设置图片格式"任务窗格

2. 按照下列要求创建演示文稿,并以"演示-2"为文件名保存

① 建立一个含有 2 张幻灯片的演示文稿,内容如图 4-31 所示。

② 在第 1 张幻灯片后插入一张新幻灯片,其版式为"竖排标题与文本"。输入标题文字"演示文稿概述",字体设置为"隶书",字号"53"。在文本区输入以下文字:"文稿演示软件可以用来制作各种各样视觉效果极佳的演示文稿,通过在幻灯片中插入声音、图片、影像来展示其演讲内容。"其字体设置为"楷体",字号"36",字体颜色设置为"蓝色"(RGB 颜色模式:0,0,152)。段落行距设置为"2.0"。

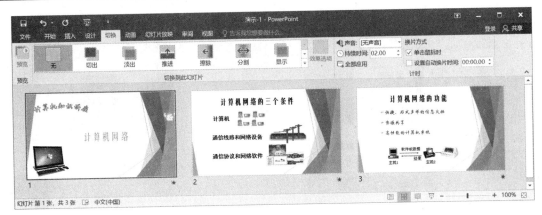

图 4-30　演示-1 制作参考示例图

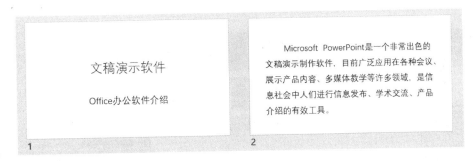

图 4-31　幻灯片样例 2

③ 为第 3 张幻灯片添加标题"演示文稿的应用",字体设置为"华文彩云",字号"48",文本轮廓设置为标准"红色"。

④ 对所建立的演示文稿应用"剪切"主题,并重新设置主题颜色为"蓝色"。

⑤ 全部幻灯片切换效果为"推进","效果选项"为"自左侧"。

【操作提示】

① 单击第 1 张幻灯片,单击"插入"选项卡"幻灯片"组的"新建幻灯片"下拉箭头,从下拉列表框中选择"竖排标题与文本"版式,即可插入一张新幻灯片,即第 2 张幻灯片。

② 单击第 2 张幻灯片标题区,输入标题文字后,单击标题区边框线,设置标题的文本字体为"隶书",然后将鼠标指针置于字号列表框中单击,输入字号"53"后按 Enter 键。

③ 单击第 2 张幻灯片文本区,输入文本后单击边框线,设置文本字体为"楷体"、字号"36";选择"开始"选项卡"字体"组中的"字体颜色"下拉箭头,选择"其他颜色"命令,如图 4-32 所示,显示"颜色"对话框。单击"自定义"选项卡,按照图 4-33 所示样式设置颜色。

④ 单击"段落"组的"行距"下拉箭头设置行距为"2.0"。

⑤ 单击"设计"选项卡,选择"主题"组中的"剪切"命令。单击"变体"组的"其他"下拉箭头,从"颜色"列表中选择"蓝色",如图 4-34 所示。

⑥ 切换到"幻灯片浏览"视图,选择全部幻灯片,选择"切换"→"切换到此幻灯片"→"推进","效果选项"选择"自左侧",持续时间设置为"1.25"秒。

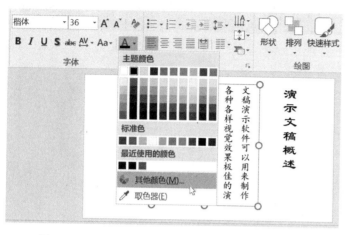

图 4-32 在"字体颜色"列表中选择"其他颜色"命令

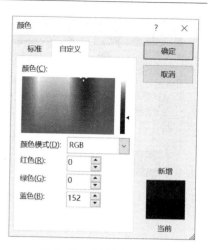

图 4-33 "颜色"对话框

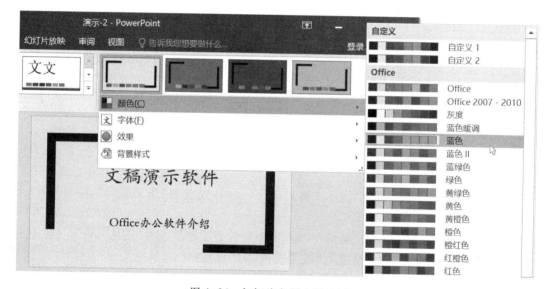

图 4-34 幻灯片主题应用示例图

幻灯片制作结果如图 4-35 所示。

3. 按照下列要求创建演示文稿,并以"演示-3"为文件名保存

① 建立一个含有 3 张幻灯片的演示文稿,后 2 张幻灯片版式均为"标题和内容",如图 4-36 所示。

② 在第 1 张幻灯片中插入一张方形图片,图片的大小调整为长宽均为"8 厘米",图片位置按照水平居中"8 厘米",垂直居中"1.5 厘米"设置。

③ 将第 2 张幻灯片的版式改为"两栏内容",段落间距设为"1.6 倍"。

④ 将第 3 张幻灯片的右侧图片移动到第 2 张中,图片的动画设置为"翻转式由远及近",持续时间为"1.75 秒"。将第 2 张幻灯片的两个文本动画分别设置为"浮入"和"擦除","效果选项"为"自底部"。动画出现顺序为"先文本、后图片",图片动画启动设置为"上一动画之后"。

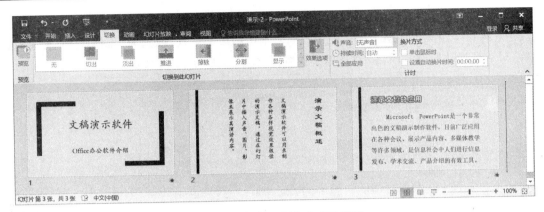

图 4-35　演示-2 制作参考示例图

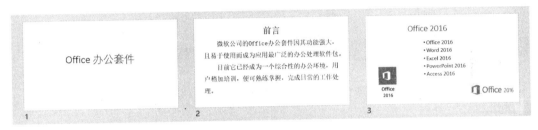

图 4-36　幻灯片样例 3

⑤ 将第 3 张幻灯片文本转换为 SmartArt 图形,类型为"聚合射线"。

⑥ 通过幻灯片母版添加幻灯片页码和播放日期,在标题幻灯片中不显示。

⑦ 将第 2 张幻灯片的背景设置为"浅色渐变-个性色 1",填充类型为"标题的阴影"。

【操作提示】

① 在幻灯片视图中显示第 1 张幻灯片,选择"插入"→"图像"→"联机图片"命令,在"必应图像搜索"文本框中输入"计算机",找到所需图片,单击"插入"按钮。打开"图片工具|格式"选项卡的"设置图片格式"任务窗格,调整该图片的大小以及位置,如图 4-37 所示。

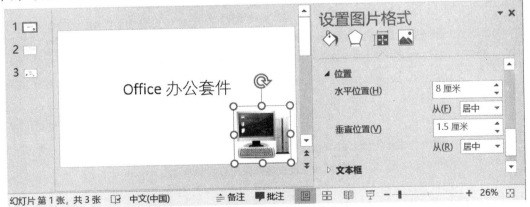

图 4-37　"设置图片格式"任务窗格

② 选择第 2 张幻灯片,单击"开始"选项卡"幻灯片"组中的"版式"下拉箭头,选择"两栏内容"。然后将第 2 段文本移动至第 2 栏中。同时选中两段文本框,设置为"宋体""36"号字;选择"段落"对话框启动器,在"段落"对话框中设置段落间距,如图 4-38 所示。

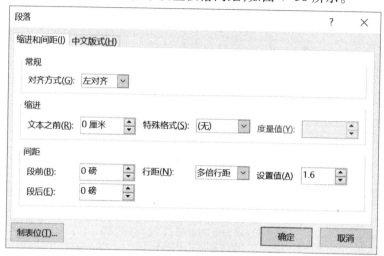

图 4-38　在"段落"对话框中设置行间距

③ 将第 3 张幻灯片右侧的图片移动到第 2 张幻灯片中,放置在右下角,并按照要求设置该页动画效果,如图 4-39 所示。

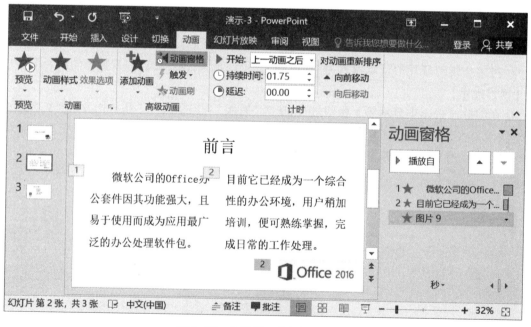

图 4-39　设置第 2 张幻灯片动画

④ 选择第 3 张幻灯片,通过列表级别按钮编辑文本。选中文本框,单击"开始"选项卡中"段

落"组的"转换为 SmartArt 图形"按钮,选择"其他 SmartArt 图形"按钮,如图 4-40 所示。

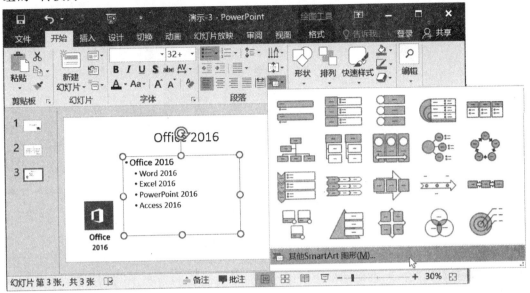

图 4-40　将文本转换为 SmartArt 图形示意图

⑤ 在弹出的"选择 SmartArt 图形"对话框中选择"关系"→"聚合射线",单击"确定"按钮创建 SmartArt 图,屏幕同时显示"SmartArt 工具"的"设计"和"格式"选项卡,如图 4-41 所示。

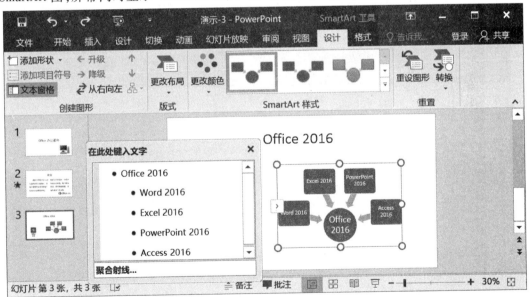

图 4-41　创建的 SmartArt 图形及 SmartArt 工具栏

⑥ 单击"SmartArt 工具|设计"选项卡中的"更改颜色"下拉箭头,从下拉列表中选择"彩色-个性色";单击"SmartArt 样式"组的"其他"下拉箭头,从下拉列表中选择三维"优雅"样式,设置

效果如图 4-42 所示。

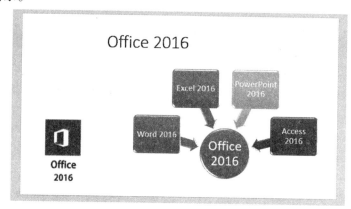

图 4-42　更改了颜色的三维 SmartArt 图形

⑦ 选择"视图"选项卡"母版视图"组中的"幻灯片母版"命令,再选择"插入"选项卡中"文本"组的"页眉和页脚"命令,在对话框中勾选幻灯片需要包含的内容,单击"全部应用"命令,关闭母版视图。

⑧ 单击第 2 张幻灯片,选择"设计"选项卡的"自定义"→"设置背景格式"命令,在"设置背景格式"任务窗格中,单击"渐变填充"单选按钮;单击"预设渐变"下拉箭头,从列表中选"浅色渐变-个性色 1";单击"类型"下拉箭头,从列表中选"标题的阴影",如图 4-43 所示。如果单击任务窗格的"关闭"按钮,则只为该幻灯片设置背景;如果单击"全部应用"按钮,则为演示文稿中的所有幻灯片设置背景。

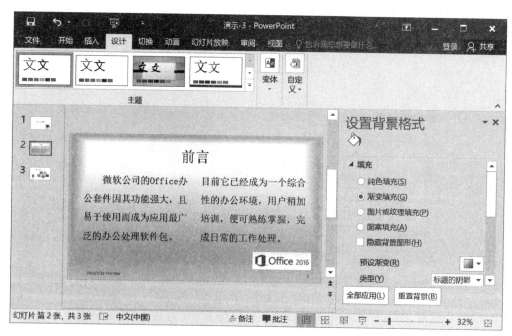

图 4-43　"设置背景格式"任务窗格及设置效果图

第 5 章

网络操作实验

第 1 节　检查 TCP/IP 配置、检测网络连接

一、实验目的

① 理解各项网络配置信息的含义。

② 学会设置和修改 TCP/IP 参数。

③ 掌握测试网络连接的方法。

二、实验内容

1. 检查并设置计算机的 TCP/IP 协议参数

【操作方法】

① 单击"开始"→"控制面板",选择"网络和 Internet"下的"查看网络状态和任务",在图5-1 所示的"网络和共享中心"窗口中,选择"本地连接"。

② 在"本地连接状态"对话框中单击"属性",打开"本地连接 属性"对话框,如图 5-2 所示。

③ 在"本地连接 属性"对话框中,双击"Internet 协议版本 4(TCP/IPv4)",打开"Internet 协议版本 4(TCP/IPv4)属性"对话框,如图 5-3 所示,分别记录本计算机的 IP 地址、子网掩码、默认网关和 DNS 服务器地址(在此处可根据实际情况修改各项参数设置)。

2. 测试所使用的计算机是否与网络连通

Windows 7 提供了一个"ping"命令,用来测试一台计算机是否已连接到网络上。其工作原理是:向网络中的某一远程主机发送一系列信息包,该主机再将信息包返回。如果本机或远程主机未与网络连通,ping 命令发出的信息包就会得不到响应而无法返回,系统将给出提示信息"Request timed out"。ping 命令的格式为:

ping　IP 地址或域名

通常使用 ping 命令向网关发信息包,以此来判断所使用的计算机是否与网络连通。但是如果被测试的计算机安装了防火墙,ping 命令的执行结果是"Request timed out"。

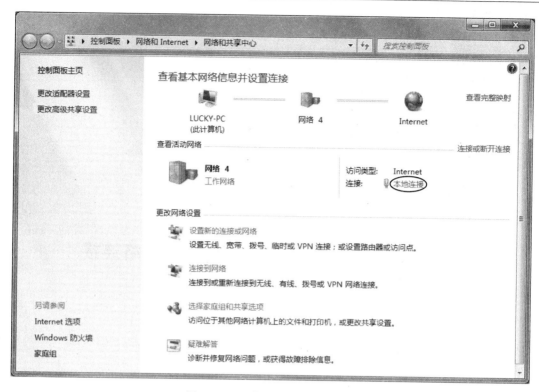

图 5-1 "网络和共享中心"窗口

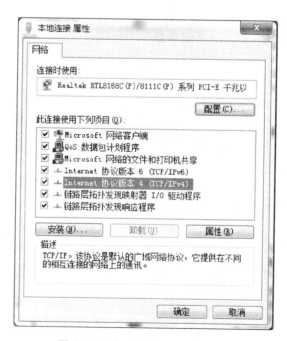

图 5-2 "本地连接 属性"对话框

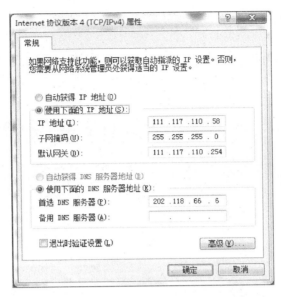

图 5-3　"Internet 协议版本 4(TCP/IPv4)属性"对话框

【操作方法】

① 单击"开始"→"运行",在"运行"对话框中输入"cmd",并单击"确定"按钮,进入"命令提示符"窗口。

② 用 ping 命令向网关发信息包(假设网关是 111.117.110.254),如图 5-4 所示。

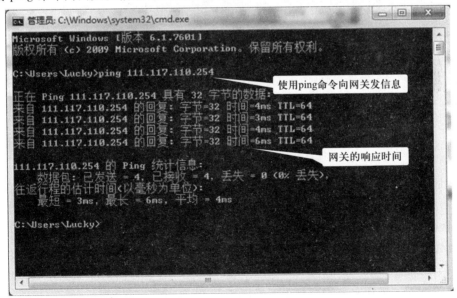

图 5-4　在"命令提示符"窗口中执行 ping 命令

3. 查看网卡的 MAC 地址

【操作方法】

在"命令提示符"窗口中输入"ipconfig/all"命令查看使用的计算机网卡的 MAC 地址,如图 5-5所示。

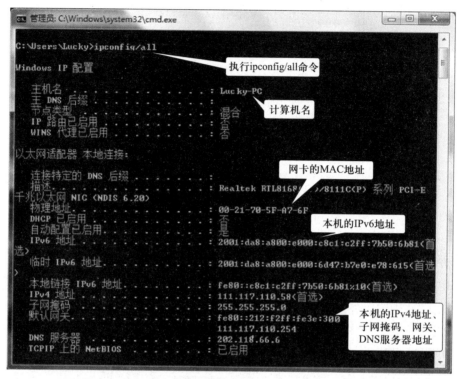

图 5-5 在"命令提示符"窗口中执行"ipconfig/all"命令

第 2 节 浏览器(Internet Explorer)

浏览器是用于实现多种网络功能的应用软件,主要是用于浏览 Web 上丰富信息资源的工具,用来显示在 Internet 上的文字、图像和视频等多种信息。浏览器负责向 Web 服务器发送资源查询请求、接收 Web 服务器传递回来的资源对象并对它们进行解释和显示。

目前较为流行的浏览器程序有 Internet Explorer(IE)、Mozilla Firefox(火狐)、Google Chrome(谷歌)等,功能大体相同。其中,IE 是 Microsoft 公司开发的浏览器程序,它具有较好的兼容性,已被集成到 Windows 操作系统中。这里主要讲述 IE 的使用。

一、实验目的

① 掌握 Internet Explorer 的基本操作方法。

② 掌握网页浏览的基本操作及网页信息的保存方法。

③ 学会 Internet 上的信息检索方法,例如文献检索。

二、实验内容

1. Internet Explorer 的基本操作方法

Internet Explorer 简称 IE,能够完成网站信息的浏览、搜索等功能,具有使用方便、操作友好的用户界面。当前最新版本是 IE11,其主界面如图 5-6 所示。

图 5-6 IE11 浏览器主界面

用户在浏览器的地址栏中输入网站的 URL 并按 Enter 键,就会在一个新选项卡中打开这个网站的主页。而网上漫游则是通过超链接来实现的,所要做的是单击相应超链接。超链接的特征是当鼠标移动到某些文字或图像处时,鼠标指针变成手形,同时链接的网址显示在浏览器窗口下方的状态栏中。

如果喜欢旧版 IE 浏览器的工具栏设置方式,可以按 Alt 键,IE11 浏览器就拥有了旧版 IE 的工具栏,如图 5-7 所示。

对浏览器进行适当的设置,可以取得令使用者满意的浏览方式和效果。用户可以单击浏览器右上角的"工具"按钮(齿轮),通过下拉菜单中的命令对浏览器进行细化的设置,如图 5-8 所示。

(1) 管理 IE 加载项

加载项是指为浏览器添加扩展功能的特殊软件,一般涉及插件、扩展组件、工具栏等,通常由

旧版IE工具栏菜单

图 5-7 显示旧版 IE 工具栏

工具

图 5-8 浏览器设置菜单

非微软的第三方厂商编写。有些加载项可以在浏览器中直观地看见,有些则以静默的方式运行于后台。

IE 浏览器加入加载项管理功能,用户可以根据自己的需要,通过增减 IE 加载项来达到优化 IE 浏览器的目的。

【操作方法】

管理加载项的方法是:单击"工具"按钮,如图 5-8 所示,在下拉菜单中选择"管理加载项",弹出"管理加载项"窗口,如图 5-9 所示。

在"管理加载项"窗口中,列出了不同的加载项类型,在每个类型中,可以直观地看到已经启用的加载项以及它会令浏览器的启动时间增加多少秒。不过,面对着密密麻麻的加载项,很难判

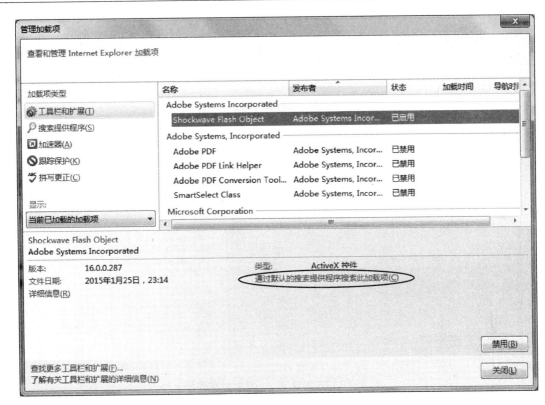

图 5-9　"管理加载项"窗口

断这些加载项的用途,这时可以选择某个用途未明的加载项,然后单击下方的"通过默认的搜索提供程序搜索此加载项",如图 5-9 所示,即通过搜索引擎查找这个加载项的用途。

　　如果要禁用某个加载项,先选择该加载项,然后单击窗口右下方的"禁用"按钮。修改的设置将在浏览器重新启动后生效,被禁用的工具栏将不再出现。

　　（2）搜索提供程序

　　所谓搜索提供程序就是搜索引擎,也是 IE11 的一类加载项,如图 5-10 所示。

　　【操作方法】

　　若要更改默认的搜索引擎,先选择要设定的搜索引擎,然后单击"设为默认"按钮。

　　为避免一些软件更改用户的默认搜索引擎,应勾选"阻止程序建议更改默认搜索提供程序",如图 5-10 所示。

　　可以通过点击窗口下方的"查找更多搜索提供程序",为 IE11 浏览器添加其他搜索引擎,比如百度或者其他专业的搜索引擎（天气搜索、网购搜索、音乐搜索等）。

　　另外一种添加搜索引擎的方法是:单击 IE 浏览器地址栏右侧的"搜索"图标（放大镜）,在下拉列表中单击"添加"按钮,如图 5-11 所示。

　　（3）Internet 选项设置

　　【操作方法】

　　单击图 5-8 所示的"工具"设置菜单中的"Internet 选项",打开"Internet 选项"对话框,如图

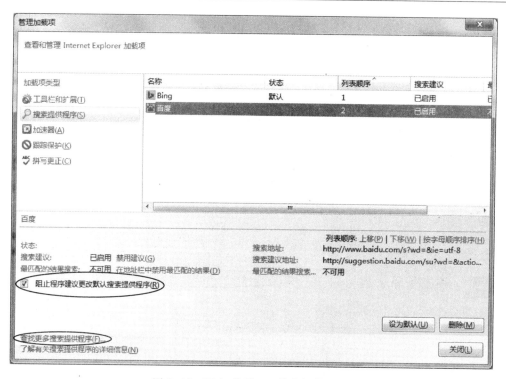

图 5-10　IE 加载项——搜索提供程序

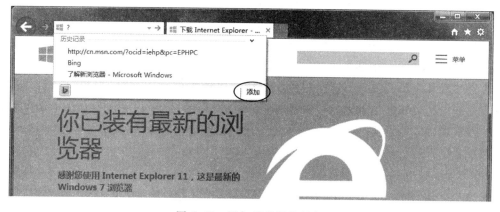

图 5-11　添加搜索提供程序

5-12所示。

① 设置 IE 的默认主页。IE 的主页指的是用户每次启动 IE 时最先见到的那一页。用户可以随时单击工具栏中的"主页"按钮返回到这一页。"常规"选项卡中的"主页"区域显示的就是当前设置的主页地址。用户可以在地址栏中输入一个网址作为默认的主页,也可以单击"使用当前页""使用默认值"和"使用新选项卡"按钮来指定相应的页面为主页。

② 历史记录和临时文件。IE 将用户访问过的网址和内容都记录下来,网址存储在历史记录中,网页内容存储在临时文件夹中。这样就可以在脱机状态下浏览曾经访问过的网页。但是历

史记录和临时文件会占用一定的磁盘空间,单击"Internet 选项"对话框中"常规"选项卡"浏览历史记录"区的"删除"按钮,在弹出的"删除浏览历史记录"对话框中选中"临时 Internet 文件和网站文件""Cookie 和网站数据"或"历史记录"复选框,单击"删除"按钮进行清理。还可单击"常规"选项卡中"浏览历史记录"区的"设置"按钮,弹出"网站数据设置"对话框,对临时文件占用的磁盘空间、历史记录保留的天数等进行设定。

　　③ 更改网页在选项卡中的显示方式。单击"Internet 选项"对话框中"常规"选项卡中"选项卡"区的"选项卡"按钮,弹出"选项卡浏览设置"对话框。可以根据个人的喜好,设置网页显示的方式,如图 5-13 所示。

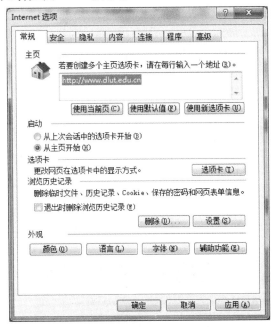

图 5-12　"Internet 选项"对话框

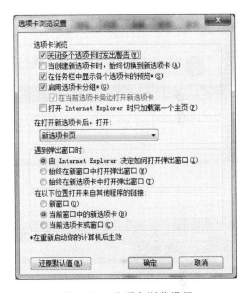

图 5-13　选项卡浏览设置

2. 浏览网页信息并保存网页信息

（1）浏览"中华人民共和国中央人民政府"网站主页

【操作方法】

　　① 启动 IE。单击 Windows 7 系统左下角任务栏的"开始"菜单,单击"所有程序",在弹出的菜单中找到"Internet Explorer",单击该项即可打开 IE;或者可以在桌面及任务栏中设置 IE 的快捷方式,直接单击快捷方式图标即可打开 IE。

　　② 在地址栏中输入"https://www.gov.cn"并按 Enter 键,显示"中华人民共和国中央人民政府"网站主页,如图 5-14 所示。

（2）保存当前网页

【操作方法】

　　单击浏览器右上角的"工具"按钮,再单击下拉菜单中的"文件"→"另存为"选项,如图 5-15所示,在"保存网页"对话框中指定文件存放的位置,文件名设置为"中国政府网_中央人民政府门户网站",然后单击"保存"按钮,如图 5-16 所示。

图 5-14 "中华人民共和国中央人民政府"网站主页

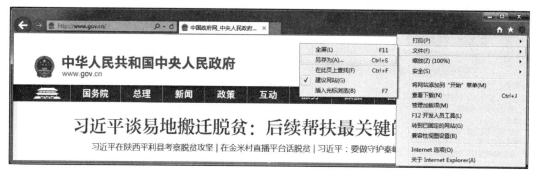

图 5-15 保存当前网页

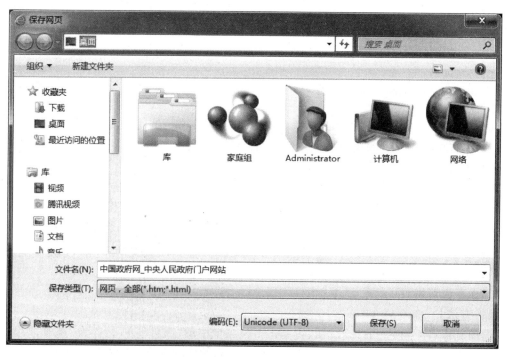

图 5-16 "保存网页"对话框

如果只要保存网页中的部分信息,可以使用 Ctrl+C 和 Ctrl+V 两个组合键将网页内容复制和粘贴到某个空白文件中,比如记事本或者 Word 文档,然后指定文件名和保存位置,保存文件即可。

如果要保存网页中的图片、音频、超链接文件等,在图片、音频、超链接文件上右击,在弹出的菜单中选择"图片另存为"或者"目标另存为"选项,打开"另存为"对话框,在该对话框内选择要保存的路径,输入文件名称,单击"保存"按钮即可。

（3）打开已保存的网页

【操作方法】

① 启动 IE,按 Alt 键,出现 IE 工具栏,单击菜单中的"文件"→"打开"选项,弹出"打开"对话框,如图 5-17、图 5-18 所示。

图 5-17　打开已保存的网页

图 5-18　"打开"对话框

② 在如图 5-18 所示的"打开"对话框中输入已保存的网页存放的位置,或者单击"浏览"按钮,从文件夹目录中选择要打开的已保存的网页,然后单击"确定"按钮;也可直接从文件目录中找到已保存的网页,直接双击该文件图标即可。

（4）收藏网址

【操作方法】

单击浏览器右上角的"查看收藏夹、源和历史记录"按钮（五角星），再单击"添加到收藏夹"按钮，如图 5-19 所示。在弹出的"添加收藏"对话框中指定创建位置，然后单击"添加"按钮，如图 5-20 所示。

图 5-19　收藏网址

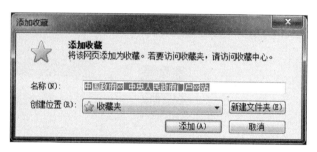

图 5-20　"添加收藏"对话框

（5）导出收藏夹

【操作方法】

① 单击浏览器右上角的"查看收藏夹、源和历史记录"按钮，单击"添加到收藏夹"右侧的下拉箭头，在弹出的菜单中选择"导入和导出"选项，如图 5-21 所示。

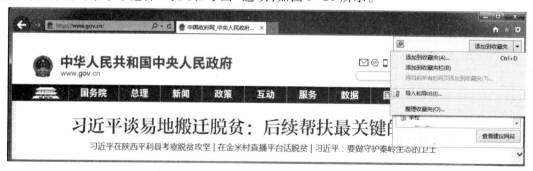

图 5-21　"导入和导出"收藏夹

② 按照提示依次执行：选择"导出到文件"→选择"收藏夹"→选择收藏夹的位置和文件名。

3. 搜索网页信息

搜索引擎的主要任务是在 Internet 上主动搜索 WWW 网站信息并将信息进行整理、归类，制作出索引，索引内容存储于可供查询的大型数据库中。当用户在搜索引擎网站的页面中输入查询关键字时，该网站将给出与关键字内容相关的所有网址，并提供这些网址所指定的服务器的链接。Internet 上有许多搜索引擎，如 www.baidu.com（百度）、google.com.hk（谷歌）、www.sogou.com（搜狗）、www.soso.com（搜搜）等。

这里以百度为例，简单介绍信息检索的方法，其他搜索引擎的使用方法与其类似。

【操作方法】

① 启动 IE，在地址栏中输入 https://www.baidu.com，打开百度主页。

② 在查找栏中输入查找信息的关键词"北斗系统"，查询结果如图 5-22 所示。

图 5-22　搜索结果页面

③ 在搜索结果中列出了该搜索引擎查找到的所有包含关键词"北斗系统"的网页地址,单击其中的某一项即可转到相应网页查看信息了。

④ 如果在当前网页中检索信息,即在如图 5-22 所示页面中查找关键词"北斗三号",则使用 Ctrl+F 组合键,在地址栏下方出现查找栏,在查找栏中输入关键词"北斗三号",查找栏会提示在当前页面中与关键词匹配的项数,并在页面中选中关键词作为提示。如图 5-23 所示。

图 5-23 当前页信息搜索结果页面

4. 实验练习

打开网页地址:www.baidu.com,在查找栏中输入关键词"厄尔尼诺现象",浏览"厄尔尼诺现象"检索结果页面,查看"厄尔尼诺现象_百度百科"的页面内容。

① 将"厄尔尼诺现象_百度百科"的页面内容以文本文件的格式保存到桌面,命名为"厄尔尼诺现象_百度百科.txt"。

② 将"厄尔尼诺现象_百度百科"的页面中"厄尔尼诺是什么?"部分的图片保存到桌面,命

名为"图 1.png"。

【操作方法】

① 打开 IE。

② 在浏览器地址栏中输入：https://www.baidu.com，按 Enter 键打开页面，如图 5-24 所示，在查找栏中输入关键词"厄尔尼诺现象"，单击"百度一下"按钮，即可浏览查询结果页面，如图 5-25所示。

图 5-24　打开百度页面

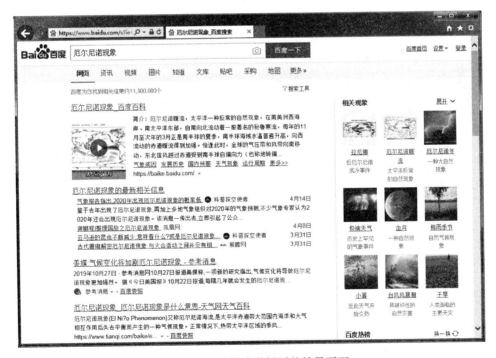

图 5-25　百度搜索关键词的结果页面

③ 使用 Ctrl+F 组合键,在地址栏下方显示查找栏,在查找栏中输入"厄尔尼诺现象_百度百科",在当前页面内查找"厄尔尼诺现象_百度百科",如图 5-26 所示,再单击"厄尔尼诺现象_百度百科",打开此页面。

图 5-26　当前网页查找关键词的结果页面

④ 使用 Alt 键,在地址栏下方显示工具栏,单击工具栏中的"文件"→"另存为"选项,弹出"保存网页"对话框,选择文件夹"桌面",在"文件名"编辑框中输入"厄尔尼诺现象_百度百科",在"保存类型"中选择"文本文件(*.txt)",单击"保存"按钮完成操作,如图 5-27 所示。

图 5-27　在"保存网页"对话框指定文件名和路径

⑤ 在"厄尔尼诺现象_百度百科"页面中,在查找栏中输入关键词"厄尔尼诺是什么?",定位页面中的位置,在图片上右击,弹出菜单,如图 5-28 所示,在菜单中选择"图片另存为"选项,弹出"保存图片"对话框,选择文件夹"桌面",输入指定文件名"图 1.png",再单击"保存"按钮,如图 5-29 所示。

图 5-28 查找"厄尔尼诺是什么?"定位要保存的图片

图 5-29 "保存图片"对话框指定文件名和路径

第 3 节 电 子 邮 件

电子邮件又称为 E-mail,是 Internet 中最基本、最重要的服务,也是应用最广泛的服务之一。

电子邮件可以为人们提供电子信函、文件、图像和数字化语音等多种类型的信息,其最大特点是人们可以在任何地方、任何时间收发邮件,它打破了时空上的限制,极大地提高了工作效率。

使用电子邮件的前提是要拥有电子邮箱。电子邮箱是由提供电子邮件服务的机构(ISP)为用户建立的,实质上是在该机构与 Internet 联网的 POP3 服务器上建立一个用户账户并分配一个专门用于存放往来邮件的磁盘存储区域。每个电子邮箱都有一个地址,称为电子邮件地址。电子邮件地址的格式是:

用户名@ 邮件服务器地址

这里的用户名就是用户在邮件服务器上的用户账号,通常是用户姓名或其他信息的某种缩写形式。邮件服务器地址通常采用该主机的域名地址。

电子邮件一般由信头和信体两部分组成。其中,信头包含发送人、收件人、抄送和主题,信体包括信件的内容和附件。

发送人地址是唯一的;收件人地址可以有多个,用逗号或分号分隔;抄送地址也可有多个。

主题是信件的标题,通常概要表述信件内容。信体内容表述可以是文本或者超文本,可包含附件。

一、实验目的

① 了解申请免费电子邮箱的方法。

② 掌握 Web 收发邮件的基本操作。

③ 掌握 Microsoft Outlook 2016 收发邮件的基本操作,重点是发送邮件及附件、接收邮件及保存、回复邮件和转发邮件等基本操作。

二、实验内容

1. 申请免费电子邮箱

【操作方法】

① 启动 IE,在浏览器窗口的“地址”栏中输入“https://mail.163.com/”并按 Enter 键,进入163 邮箱主页,如图 5-30 所示。

② 单击“注册新账号”→填写邮件地址、密码和手机号码(用于接收验证码),同意相关条款和政策→单击“立即注册”按钮→注册成功,如图 5-31 所示。

2. 用 Web 方式收发电子邮件

【操作方法】

① 利用浏览器登录到 163 邮箱主页,如图 5-30 所示,选择密码登录(也可以用手机扫描二维码登录),输入账号和密码后,单击“登录”按钮进入电子邮箱,如图 5-32 所示。

图 5-30　163 邮箱主页

图 5-31　填写邮件地址和个人资料

图 5-32   进入个人邮箱

② 撰写一封新邮件并将它发给自己:单击"写信"按钮,进入"写信"页面。填写各项内容并添加附件,最后单击"发送"按钮,如图 5-33 所示。

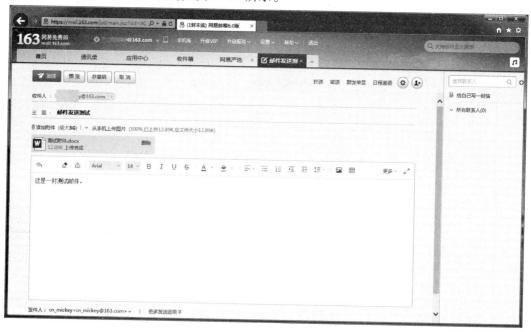

图 5-33   撰写并发送邮件

③ 接收新邮件:单击"收信"或"收件箱",接收新邮件。

④ 删除邮件:勾选要删除的邮件前面的复选框,然后单击"删除"按钮。

3. 用 Microsoft Outlook 2016 收发邮件

(1) 添加邮件账户

在使用 Microsoft Outlook 2016 收发邮件之前,必须添加邮件账户。

【操作方法】

① 首次打开 Microsoft Outlook 2016 时,须进行 Microsoft Outlook 2016 的账户设置,按照提示选择"下一步"→"否"→"下一步"→"完成",如图 5-34 所示。

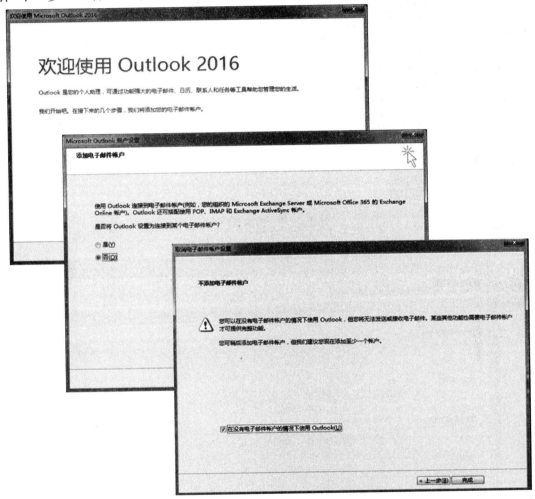

图 5-34　首次启动 Microsoft Outlook 的设置

② 打开 Microsoft Outlook 2016,单击"文件"→"信息"→"添加账户",如图 5-35 所示。

③ 在"添加账户"的"自动账户设置"窗口中,选择"电子邮件账户",输入姓名、电子邮件地址和密码,如图 5-36 所示,单击"下一步"按钮后,在邮件服务器上完成设置,如图 5-37 所示。

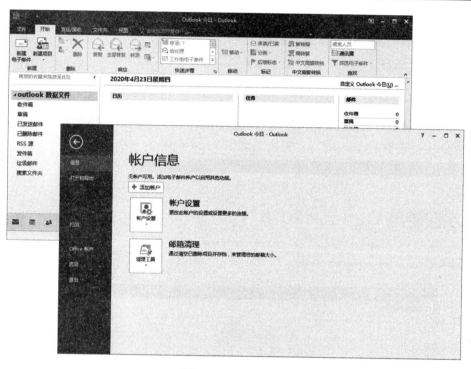

图 5-35 添加账户

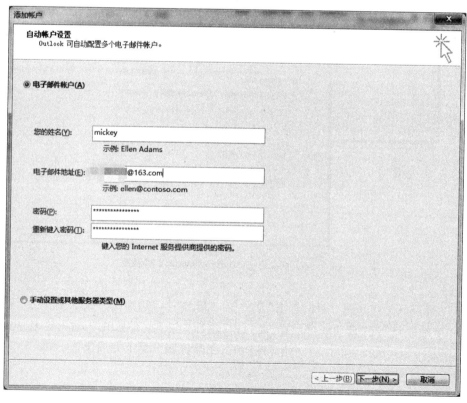

图 5-36 自动账户设置

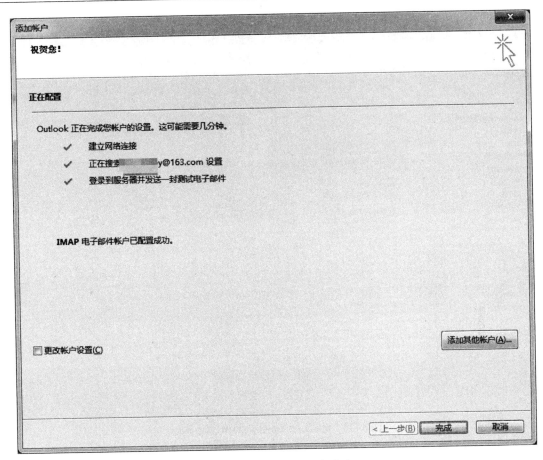

图 5-37　配置邮件账户成功

（2）工作界面

Microsoft Outlook 2016 是一个性能优良的邮件客户端程序,用来发送和接收电子邮件,管理日程、联系人和任务以及记录活动,其工作界面如图 5-38 所示。

在"outlook 数据文件"中列出了 Microsoft Outlook 2016 自定义的文件夹,用户也可以根据自己的实际需要添加或删除文件夹。以下是最基本的文件夹。

① 收件箱:用于存放接收到的新邮件,若不将它们移到别处,所有收到的邮件将一直保存在这里。

② 发件箱:写好新邮件后,在默认情况下 Microsoft Outlook 2016 并不将其立即发送,而是把它们暂存在发件箱中,待单击"发送/接收"按钮后才将邮件发送(但是在局域网连接方式下,邮件会立即发送)。

③ 已发送:存放已发送邮件的副本,以备将来查阅。

④ 已删除:从其他文件夹中删除的邮件都保存在该文件夹中。如果要永久删除这些邮件,则右击该文件夹图标,在快捷菜单中选择"清空文件夹"。

⑤ 草稿箱:若在撰写邮件的过程中不得不临时中断,可以关闭正在撰写的邮件并将其保存在"草稿箱"文件夹中,以后可以随时打开继续进行编辑。

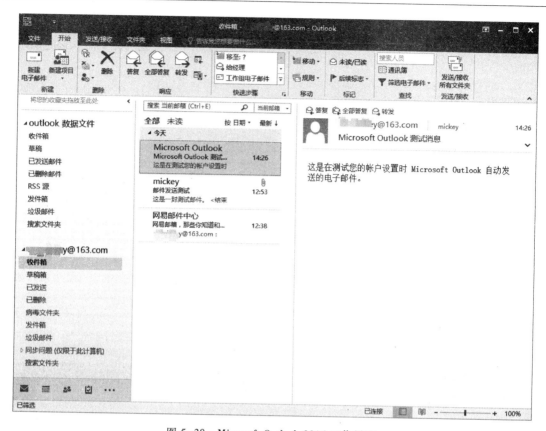

图 5-38 Microsoft Outlook 2016 工作界面

（3）发送邮件及附件

【操作方法】

① 打开 Microsoft Outlook 2016，单击"开始"选项卡中"新建"组的"新建电子邮件"按钮，弹出"未命名-邮件（HTML）"窗口，如图 5-39 所示。

② 在图 5-39 中，选择发件人信箱，填写收件人信箱、主题和邮件内容，完成邮件的撰写操作。

③ 如果需要添加附件，选择"邮件"选项卡中"添加"组的"附加文件"按钮，打开"插入文件"对话框，在对话框中选择要插入的文件，然后单击"插入"按钮。在新撰写邮件的"附件"项中会列出所附加的文件名。

④ 单击"发送"按钮，完成邮件的发送。

（4）接收邮件及附件保存

【操作方法】

① 打开 Microsoft Outlook 2016，单击"开始"选项卡中"发送/接收"组的"发送/接收所有文件夹"按钮，完成邮件的接收操作。

② 单击 Microsoft Outlook 2016 窗口左侧"outlook 数据文件"栏中的"收件箱"按钮，出现邮件预览窗口，如图 5-40 所示。该窗口中部为邮件列表区，右侧是邮件内容显示区域。

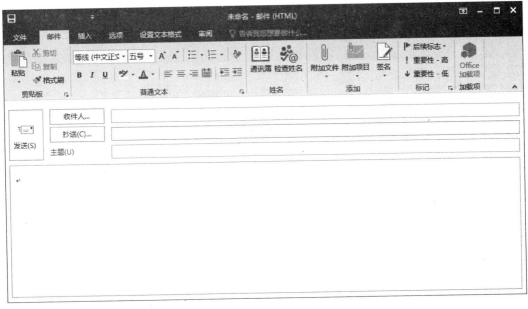

图 5-39　Microsoft Outlook 2016 新建电子邮件界面

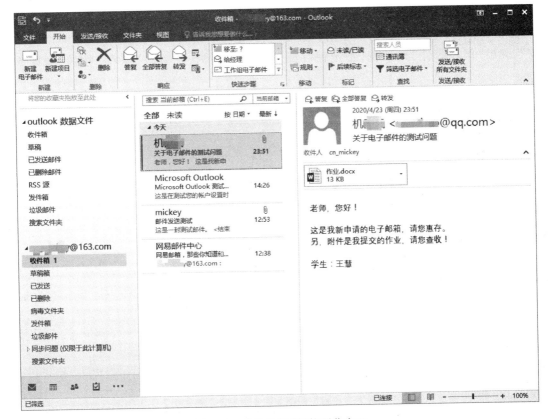

图 5-40　"收件箱"邮件预览窗口

③ 双击邮件列表区的任意一封邮件，即可阅读该邮件，如图 5-41 所示。

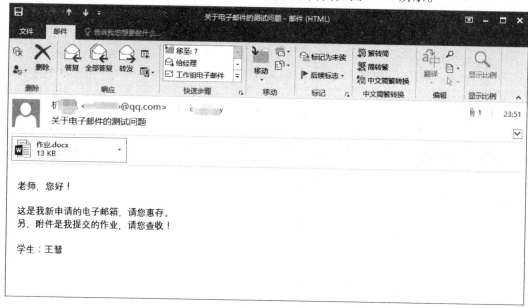

图 5-41　阅读邮件窗口

④ 如果邮件中包含附件，可双击附件查看内容，也可右击文件名，在弹出的菜单中选择"另存为"，弹出"保存附件"对话框，指定保存路径和文件名称，并单击"保存"按钮，如图 5-42 所示。

图 5-42　"保存附件"对话框

（5）回复邮件

【操作方法】

① 在图 5-40 中的邮件列表区选择任意一封邮件,右击,在弹出的菜单中选择"答复"（也可以单击"开始"选项卡中"响应"组的"答复"按钮,或者单击图 5-40 的右侧邮件内容显示区域的"答复"按钮）,图 5-40 的右侧邮件内容显示区域就会变成邮件回复区域,如图 5-43 回复邮件窗口的右侧区域所示。双击邮件列表区中的任一封邮件,弹出如图 5-41 所示的阅读邮件窗口,单击"邮件"选项卡中"响应"组的"答复"按钮,也可弹出回复邮件窗口。

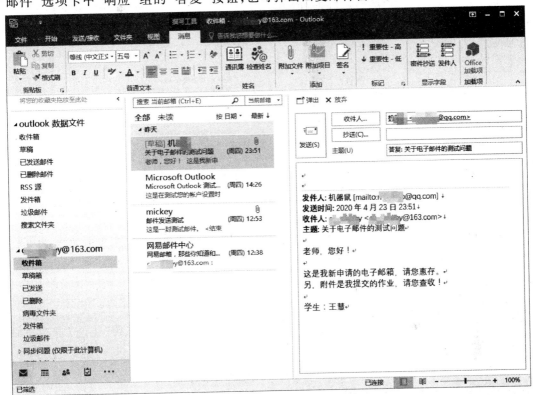

图 5-43　回复邮件窗口

② 邮件回复区域中的"发件人"和"收件人"地址由系统自动填好,原信件内容作为引用内容附在邮件后面显示,邮件"主题"自动添加"答复:"。

③ 回复内容在信件主体中撰写完毕,单击"发送"按钮即可。

（6）转发邮件

【操作方法】

① 在图 5-40 的邮件列表区选择任一封邮件,右击,在弹出的菜单中选择"转发"（也可以单击"开始"选项卡中"响应"组的"转发"按钮,或者单击图 5-40 的邮件内容显示区域的"转发"按钮）,图 5-40 的右侧邮件内容显示区域就会变成邮件转发区域,如图 5-44 转发邮件窗口的右侧区域所示。双击邮件列表区的任一封邮件,弹出如图 5-41 所示的阅读邮件窗口,单击"邮件"选项卡中"响应"组的"转发"按钮,也可弹出转发邮件窗口。

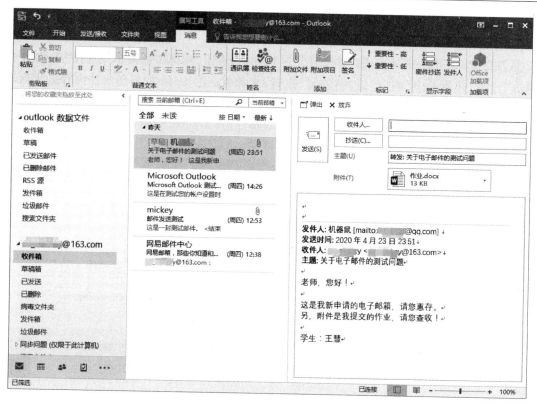

图 5-44　转发邮件窗口

② 转发邮件窗口中的"发件人"地址由系统自动填好,"收件人"地址可填入多个,多个地址之间用逗号或分号隔开,原信件内容作为引用内容附在邮件后面显示,邮件"主题"自动添加"转发:",如果有附件会自动附加。

③ 转发内容在信件主体中撰写完毕,单击"发送"按钮即可。

4. 实验练习

(1) 撰写并发送电子邮件

利用 Microsoft Outlook 2016 进行邮件发送,发送邮件至 networks@ 163.com 和 manager@ sina. com,net.docx 作为附件一并发送,同时抄送给 support@ 163.com,主题为"咨询",邮件内容为"您好! 我想咨询网络培训的具体时间和报名方法,谢谢!"。

【操作方法】

① 启动 Microsoft Outlook 2016,在"开始"选项卡的"新建"组中单击"新建电子邮件"按钮,弹出邮件对话框,如图 5-45 所示。

② 在"收件人"文本框中输入"networks@ 163.com; manager@ sina.com",注意:多个收件人之间用英文逗号或者英文分号分隔。

③ 在"抄送"文本框中输入"support@ 163.com"。

④ 在"附件"中选择 net.docx。

⑤ 在"主题"文本框中输入"咨询"。

⑥ 在"邮件内容"区域中输入"您好！我想咨询网络培训的具体时间和报名方法,谢谢!"。

⑦ 单击"发送"按钮,完成邮件发送。

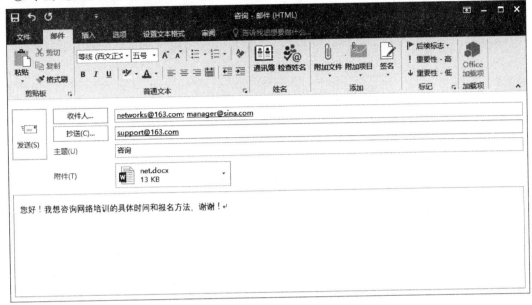

图 5-45　撰写并发送邮件操作界面

(2) 接收并回复电子邮件

利用 Microsoft Outlook 2016 接收并阅读由 networks@163.com 发来的邮件,并将随信发来的附件以文件名" dxjy.docx"保存到桌面。回复该邮件,回复内容为"您邮寄的资料已收到,谢谢!"。

【操作方法】

① 启动 Microsoft Outlook 2016,在"开始"选项卡的"发送/接收"组中单击"发送/接收所有文件夹"按钮,接收完邮件之后,会在"收件箱"中显示有新邮件,在邮件列表区中双击新邮件,弹出阅读邮件窗口。

② 若邮件中包含附件,则可双击附件查看内容,也可右击文件名,在弹出的菜单中选择"另存为",弹出"保存附件"对话框,指定保存路径"桌面"和文件名称"dxjy.docx",并单击"保存"按钮。

③ 在阅读邮件窗口,在"邮件"选项卡的"响应"组中单击"答复"按钮,弹出回复邮件窗口,如图 5-46 所示。

④ 回复邮件窗口中的"发件人"和"收件人"地址由系统自动填好,原信件内容作为引用内容附在邮件后面显示,"主题"自动添加"答复:"。

⑤ 在信件主体中撰写"您邮寄的资料已收到,谢谢!",单击"发送"按钮。

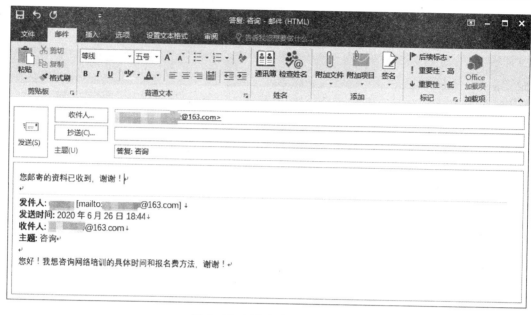

图 5-46 回复邮件操作界面

第 4 节 使用 FTP 进行文件传输

Internet 上提供了大量的免费或共享资源,获取这些资源最主要的方法就是通过文件传输协议(File Transfer Protocol,FTP)完成文件传输服务。

FTP 服务提供了在 Internet 主机之间传送文件的功能,所使用的协议是 FTP。FTP 服务采用客户机/服务器模式工作,即用户的本地计算机称为客户机,提供 FTP 服务的计算机称为 FTP 服务器。将文件从 FTP 服务器传输到客户机的过程称为下载(download),将文件从客户机传输到 FTP 服务器的过程称为上传(upload),如图 5-47 所示。

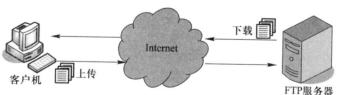

图 5-47 文件传输过程

FTP 服务是一种实时的联机服务,用户在访问 FTP 服务器时首先要进行登录,即输入其在 FTP 服务器上的合法账号和口令。只有成功登录的用户才能访问该 FTP 服务器,并对授权的文件进行查阅和传输。FTP 的这种工作方式限制了共享文件及资源在 Internet 上的发布。因此,Internet 上的多数 FTP 服务器都提供了一种匿名 FTP 服务。

匿名 FTP 服务器与普通 FTP 服务器的区别在于,前者提供公开的登录账号 "anonymous" 和密码(通常是本人的电子邮件地址),并赋予该账户访问公共目录的权限,而其余目录则处于保护状态。匿名 FTP 服务器主要用于向公众提供文件下载服务。为安全起见,大多数匿名 FTP 服务器不允许用户上传文件,即使允许上传文件,也只能将文件上传到某一特定的目录中。

要使用 FTP 服务,需要在本地计算机上运行一个 FTP 客户程序。FTP 的客户程序有多种类型。可以使用 Web 浏览器内置的 FTP 功能,也可以使用专用的下载工具软件。

一、实验目的

① 了解 FTP 的工作方式。
② 学会使用浏览器访问 FTP 站点。
③ 学会使用下载工具软件访问 FTP 站点。

二、实验内容

1. 使用浏览器访问 FTP 站点

浏览器 Internet Explorer 内置了 FTP 功能,它可以使用户连接上某个 FTP 站点并下载文件。例如,连接某 FTP 服务器(假设地址是 ftp.×××.net)并下载文件。

【操作方法】

① 启动 IE。
② 在浏览器的地址栏中输入"ftp:∥ ftp.×××.net"并按 Enter 键,如图 5-48 所示。
③ 在 FTP 服务器的页面中寻找要下载的文件,然后双击要下载的文件。

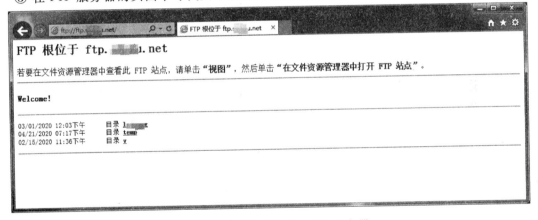

图 5-48　使用浏览器连接 FTP 服务器

2. 使用下载工具软件访问 FTP 站点

专用下载工具软件通常能提高下载的效率。各种下载工具软件在功能上各有特点,选择使用哪种工具软件要根据用户的具体需要和操作习惯。下载工具软件主要有两类:一类是 FTP 专用软件,如 CuteFTP、WS_FTP 和 FlashFXP 等,它们的主要特点是界面友好、操作方便、可上传和下载、保存 FTP 站点地址、队列传输、支持断点续传;另一类是专用下载工具,如迅雷、QQ 旋风等,能配合浏览器自动下载,直接取代浏览器的下载程序,特别是迅雷使用的多资源超线程技术基于网格原理,能够将网络上存在的服务器和计算机资源进行有效的整合,对服务器资源进行负载均衡,构成独特的迅雷网络,通过迅雷网络,各种数据文件能够以最快的速度进行传递。

例如,使用工具软件 FlashFXP 连接某视频 FTP 服务器(假设地址是 ftp.video.com)。

【操作方法】

① 下载并安装 FlashFXP 软件。

② 启动工具软件 FlashFXP,界面如图 5-49 所示。

③ 在图 5-49 中,单击工具栏中的"会话"→"快速连接"(也可以直接单击图标栏中的快速连接图标,或者按 F8 键),弹出如图 5-50 所示的对话框。

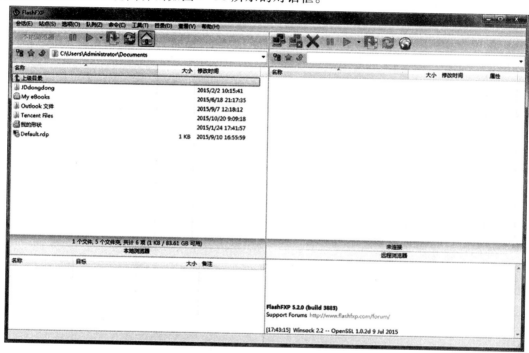

图 5-49 使用工具软件 FlashFXP 连接 FTP 服务器

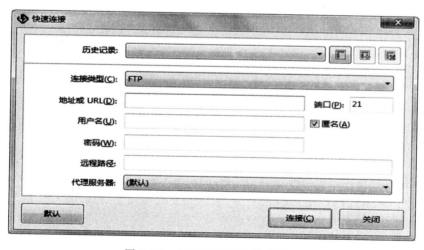

图 5-50 "快速连接"设置对话框

④ 在"地址或 URL"的文本框中输入 FTP 服务器地址,即 ftp.video.com,在"用户名"的文本框中输入用户名,在"密码"的文本框中输入密码,单击"连接"按钮,即可访问 FTP 服务器的授权目录和文件。

⑤ 授权可访问的 FTP 服务器,连接界面如图 5-51 所示。

⑥ 在图 5-51 中,界面分为四部分,左上部分显示客户机目录和文件的列表,左下部分显示要上传或下载的文件列表,右上部分显示 FTP 服务器授权访问的目录和文件,右下部分显示连接信息和文件传输信息。用户根据自己的需要可以选择上传或者下载所需文件。

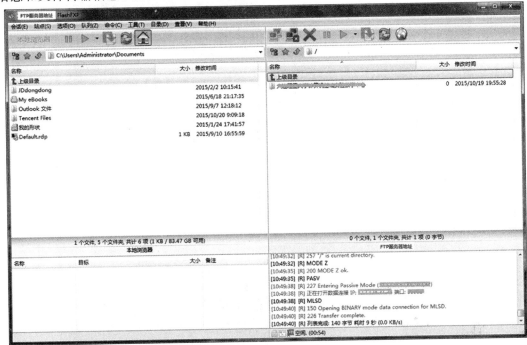

图 5-51　授权可访问的 FTP 服务器

3. 实验练习

利用下载工具软件迅雷在腾讯网站"https://pc.qq.com/"下载 QQ 软件。

【操作方法】

① 下载并安装迅雷软件。

② 打开 IE,在地址栏中输入"https://pc.qq.com/",如图 5-52 所示。

③ 查找页面内容"QQ",鼠标指向 QQ,单击 QQ 企鹅图标,打开 QQ 下载页面,在"普通下载"按钮上右击,选择"使用迅雷下载",如图 5-53 所示。

④ 弹出迅雷下载文件对话框,如图 5-54 所示,可以选择下载文件存放的路径,之后单击"立即下载"按钮,开始下载文件。

⑤ 弹出迅雷下载进程界面,如图 5-55 所示。

⑥ 下载结束。在迅雷下载界面的左侧下载列表中"已完成"里显示文件列表,如图 5-56 所示。

图 5-52　访问 QQ 软件页面

图 5-53　选择"使用迅雷下载"

图 5-54　迅雷下载文件对话框

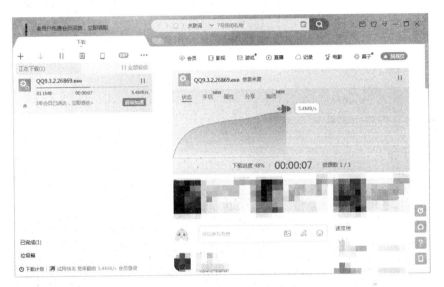

图 5-55　迅雷下载进程界面

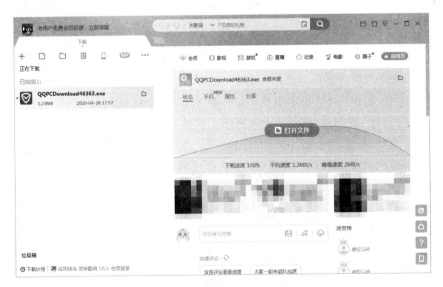

图 5-56　迅雷下载完成界面

第5节 用户接入 Internet 的方式

要使用 Internet 上的资源,必须接入 Internet。接入 Internet 的方式有多种,每种方式都要借助于 Internet 服务提供商(Internet Services Provide,ISP)。ISP 是用户接入 Internet 的入口,能够让用户的计算机与其服务器建立连接并传输信息。

ISP 提供的主要功能是分配 IP 地址、网关、DNS,提供 Internet 服务、接入服务和联网软件等。选择 ISP 要考虑的因素主要有:提供的接入方式、接入速率、收费标准、ISP 的出口带宽以及 ISP 的服务质量等。

普通用户接入 Internet 的方式主要有:局域网接入和无线接入。

一、实验目的

① 掌握用户接入 Internet 的方式。
② 学会利用宽带路由器构建小型局域网。

二、实验内容

1. 局域网接入

通过局域网连接 Internet 就是借助于与 Internet 连接的某一组织机构的网络(如企业网、校园网、社区网等)与 Internet 建立连接。其连接方法是在计算机中插入一块网卡,通过专线连接到局域网,进而接入 Internet。这种连接方式的特点是:速度快、线路稳定,通常有固定的 IP 地址,用户只要打开计算机,就可以使用网络。

通过局域网连接 Internet,需要从 ISP 方获得入网主机的 IP 地址和子网掩码、网关的 IP 地址、域名服务器地址等信息。

【操作方法】

① 单击"开始"→"控制面板",选择"网络和 Internet"下的"查看网络状态和任务",在图 5-57所示的对话框中,选择"本地连接"。

② 在"本地连接状态"对话框中单击"属性",打开"本地连接 属性"对话框,如图 5-58 所示。

③ 在"本地连接 属性"对话框中双击"Internet 协议版本 4(TCP/IPv4)",打开"Internet 协议版本 4(TCP/IPv4)属性"对话框,如图 5-59 所示。在该对话框中分别填写本机的 IP 地址、子网掩码、默认网关和 DNS 服务器地址。

设置完成后,用户就可以启动网络应用程序,通过局域网访问 Internet 了。

2. 无线接入

随着笔记本计算机、个人数字助理(PDA)及手机等移动通信工具的普及,用户端的无线接入业务在不断增长。无线接入网络作为有线接入网络的有效补充,具有系统容量大、覆盖范围广、系统规划简单、扩容方便、可加密、易于维护等特点,可解决边远地区、难于架线地区的信息传输问题,是当前发展最快的接入网之一。

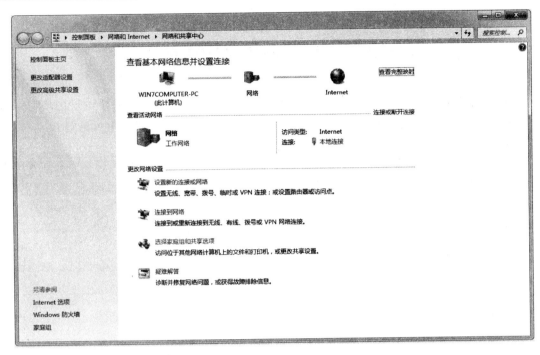

图 5-57　"网络和共享中心"窗口

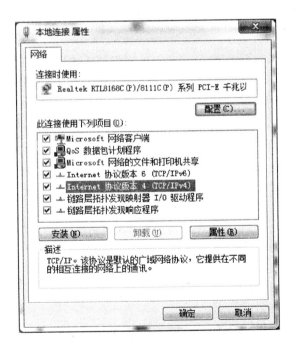

图 5-58　"本地连接 属性"对话框

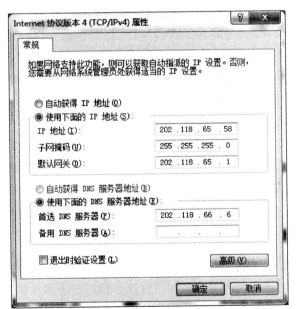

图 5-59　TCP/IPv4 属性对话框

无线接入方式主要有无线局域网接入和移动无线接入网接入两种。需要接入无线网的客户端必须安装无线网卡。

（1）通过无线局域网接入

无线局域网（Wireless LAN，WLAN）是在半径为几十米的范围内建立一个无线接入点，如无线 AP（Access Point），无线接入点与有线的 Internet 相连。近年来，WLAN 的建设正在兴起，一些校园、办公大楼、候机大厅、商务酒店等公共场所都提供了 WLAN 接入，用户可通过接入 WLAN 进而连接 Internet。

由于有很多无线 AP 发射信号，因此安装有无线网卡的计算机会检测到多个无线网络连接，不同的无线网络连接以不同的服务集标识（Service Set Identifier，SSID）来区分。如图 5-60 所示，WLAN 已连接成功，可以进行网络访问。

（2）通过移动无线接入网接入

在移动无线接入网中，用户终端是移动的，与移动无线接入网中的无线接入点进行连接。无线接入点由移动数据提供商（中国移动、中国联通、中国电信等）管理，它们为数万米半径内的用户提供服务。

提供移动无线接入的方式有 GPRS（General Packet Radio Service）和 CDMA（Code Division Multiple Access）。

① GPRS 和 CDMA 手机上网。这是一种借助移动电话网络接入 Internet 的无线上网方式，只要开通了手机 SIM 卡上网业务，在任何一个角落都可以通过手机上网。

图 5-60　WLAN 已连接

② GPRS 或 CDMA 无线网卡上网。目前主要有 PCMCIA 和 USB 两种接口的 GPRS 或 CDMA 无线上网卡，都很容易与计算机连接，即可实现与移动无线接入网的连接。

3. 实验练习

小型局域网是指占地空间小、规模小并且建网经费少的计算机网络，常用于办公室、学校多媒体教室、游戏厅、网吧、家庭等。

在家庭和宿舍中，大多只有三五台计算机，目前应用最多也最方便的是采用宽带路由器构建小型局域网，不仅可以方便地实现网内的资源共享，而且可以解决由一根线接入多台计算机上网的问题。

宽带路由器采用高度集成设计，集成 10/100 Mb/s 宽带以太网 WAN 接口、并内置多口 10/100 Mb/s 自适应交换机和无线天线，有一个 WAN 端口和多个 LAN 端口，可以通过有线和无线方式非常方便地连接多台计算机组建小型局域网并接入 Internet。

如果采用有线连接方式，将外接的网线与 WAN 端口连接，局域网内的多台计算机分别连接到路由器的 LAN 端口，并经过相应的配置，就可以通过宽带路由器构建办公室或宿舍内的小型局域网络，而在这个局域网内的计算机都可以通过路由器访问互联网了。

【操作方法】

① 硬件连接。宽带路由器连接组网并通过光纤 Modem 连入 Internet，先在客户端安装有线或

无线网卡,再将设备与宽带无线路由器连接。

　　② IP 地址的设置。宽带路由器可以为接入的客户端自动分配 IP 地址。连接之后,在客户
端,将计算机、手机等设成自动获取 IP 地址的
模式。

　　开启路由器后,客户端自动获得 IP 地址,
也可手动设置有效的 IP 地址。

　　③ 局域网共享设置。利用 Windows 操作
系统,设置客户端之间的访问权限,实现资源共
享,互相访问。

　　④ 宽带无线路由器设置。宽带无线路由
器的常用 IP 地址为:192.168.1.1。在任一台网
络客户端的浏览器地址栏内输入"https://192.
168.1.1",会出现如图 5-61 所示的路由器登录
对话框。

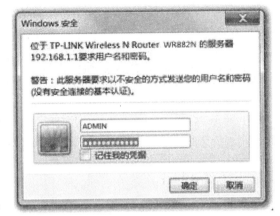

图 5-61　宽带路由器登录对话框

　　配置宽带路由器可按照说明书进行操作,设置局域网上网及管理,如图 5-62 所示。

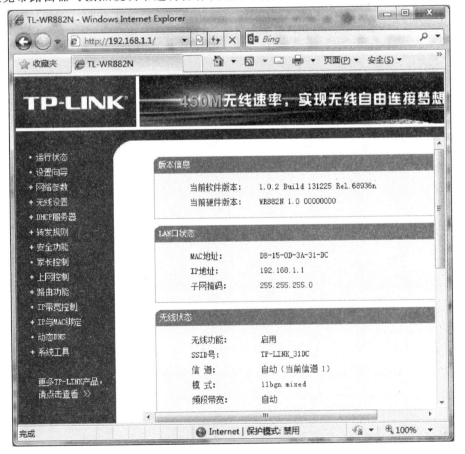

图 5-62　宽带路由器设置界面